鋼道路橋塗装・防食便覧資料集

平成 22 年 9 月

公益社団法人　日 本 道 路 協 会

まえがき

　鋼道路橋の主材料である鋼材は，水，塩分，塵あい(埃)などの外部環境による影響で腐食する。その腐食には，乾食と湿食があり，道路橋の場合問題となるのは水と酸素の作用による湿食である。ここで言う湿食腐食のメカニズムは，鋼材表面に腐食電池を生じ，さびが形成，はく離した後に新たな腐食電池が再度形成され，さびが進行し腐食範囲が拡大することである。また，飛来する塩分が鋼材の表面に付着すると潮解作用によって腐食に不可欠な水分を保持する役割があることから，腐食はさらに促進することとなる。このような鋼材の性能低下につながる断面欠損の原因となる腐食の発生や進展を防止するのが鋼材の防食である。

　鋼材の腐食，中でも鋼道路橋の防食に関して発刊した「鋼道路橋塗装・防食便覧」(平成17年12月(社)日本道路協会)(以下，「便覧」という。)は，平成17年12月にとりまとめ，その後各種道路橋の防食対策の計画から設計・施工・維持管理などに寄与し，今日に至っている。便覧は，道路橋示方書の精神，規定に準じてこれを補完する趣旨でとりまとめているが，手引き・指導書として，より詳細な解説や事例を掲載することで正しく理解され，合理的かつ適切な判断と方法で鋼道路橋の耐久性向上が図られると考える。

　既に発刊して実務で使われている当便覧は，種々な面で分かり易く記述されているものの，各編の中には一部難解な部分やより詳細に解説することで正しく趣旨を理解することが可能と判断する部分もあることから，今回便覧を補足する資料として「鋼道路橋塗装・防食便覧資料集」をとりまとめたものである。

　本資料集は，便覧で示した各編とできるだけ対応するようにとりまとめを行い，「第Ⅰ編　共通編」，「第Ⅱ編　塗装編」，「第Ⅲ編　耐候性鋼材編」，「第Ⅳ編　溶融亜鉛めっき編」，「第Ⅴ編　金属溶射編」の5編構成とした。また，可能な限り最新の知見や情報のなかで，防食に関する各種の判断を行うに有効と有益に思われる知見を吟味し，設計・施工・維持管理に分けて実験結果，図，状況写真なども用いて解説している。

　本資料を使用するにあたって，今後，計画・設計・施工する鋼道路橋の防食工法の選定等の参考資料として使用するだけでなく，供用中の鋼道路橋の健全度診断，特に防食機能の診断，補修・補強に使用され，鋼道路橋の維持管理が最適化できるように努められたい。

平成22年9月

橋　梁　委　員　会
鋼　橋　小　委　員　会
鋼橋塗装・防食便覧分科会
分科会長　髙木千太郎

鋼橋小委員会名簿　(50音順)

小委員長　　　佐藤　弘史

委　員　　　芦塚　憲一郎　　　池田　　学
　　　　　　小野　　潔　　　　岸　　信平
　　　　　　酒井　克己　　　　明石　之一
　　　　　　酒井　洋一　　　　酒井　修樹
　　　　　　髙木　千太郎　　　鈴木　泰太
　　　　　　玉越　隆史　　　　高田　賢弘
　　　　　　土橋　　浩　　　　遠山　直保
　　　　　　西川　　匡　　　　中洲　啓二
　　　　　　藤田　裕士　　　　林　　昌潤
　　　　　　堀江　佳平　　　　吉田　富貴
　　　　　　水口　和之　　　　本間　宏輝
　　　　　　森　　　猛　　　　村越　義栄
　　　　　　守屋　　進　　　　森山　口照彦
　　　　　　山田　郁夫　　　　依田
　　　　　　若林　　大

平成22年9月現在の委員

鋼橋塗装・防食便覧分科会名簿　（50音順）

分科会長　　○髙木　千太郎

委　員
- 碇山　晴久
- ○伊藤　裕彦
- 陵城　成樹
- ○金子　修弥
- 川野　晴彌
- ○桐原　進寛
- ○小林　欣哉
- 実石　大介
- ○田中　隆史
- ○玉越　正康
- ○中野　盛誠
- 藤井　大介
- ○星野　進
- 深山　直樹
- ○守屋
- 梁取
- 市川　明　広夫
- ○小笠原　照敏　行史
- ○加藤　真　満
- 川口　直修　之平
- 川俣　真　二樹
- 小島　直良　樹彦
- ○酒井　敏　士弘
- ○高田　裕　久
- ○遠平　政　彰
- ○藤田　尊　信
- ○松下
- ○森下
- 森山
- ○渡辺　晃

○印は、平成22年9月現在の委員

鋼道路橋塗装・防食便覧資料集

第Ⅰ編　共通編

第Ⅱ編　塗装編

第Ⅲ編　耐候性鋼材編

第Ⅳ編　溶融亜鉛めっき編

第Ⅴ編　金属溶射編

第Ⅰ編　共通編

第Ⅰ編　共通編

目　次

第1章　鋼道路橋の腐食事例 ……………………………… Ⅰ-1

1.1　概要 ……………………………………………………… Ⅰ-1
1.2　塩化物の影響 …………………………………………… Ⅰ-1
1.3　主部材の腐食事例 ……………………………………… Ⅰ-4
　　1.3.1　鋼コンクリート境界部の腐食事例 ……………… Ⅰ-4
　　1.3.2　凍結防止剤の影響 ………………………………… Ⅰ-5
1.4　付属物等の腐食事例 …………………………………… Ⅰ-9
　　1.4.1　アルミニウムめっき防護柵の腐食事例 ………… Ⅰ-9
　　1.4.2　ステンレス鋼照明柱の腐食事例 ………………… Ⅰ-10
　　1.4.3　コンクリート部材の補強鋼板の腐食事例 ……… Ⅰ-10

第2章　防食法設計時の留意点 …………………………… Ⅰ-12

2.1　概要 ……………………………………………………… Ⅰ-12
2.2　腐食に注意すべき環境及び部位について …………… Ⅰ-12
　　2.2.1　地理的・地形的要因による腐食環境の違い …… Ⅰ-12
　　2.2.2　構造部位による腐食環境の違い ………………… Ⅰ-15
2.3　防食法の選定手順 ……………………………………… Ⅰ-20

第3章　維持管理の留意点 ………………………………… Ⅰ-22

3.1　概要 ……………………………………………………… Ⅰ-22
3.2　初期点検（初回の定期点検）………………………… Ⅰ-22
　　3.2.1　初期点検（初回の定期点検）の概要 …………… Ⅰ-22
　　3.2.2　初期の不具合事例 ………………………………… Ⅰ-23
3.3　維持修繕計画策定上の留意点 ………………………… Ⅰ-25
　　3.3.1　鋼橋に腐食が発生する理由 ……………………… Ⅰ-25
　　3.3.2　部分塗替え ………………………………………… Ⅰ-26

第1章　鋼道路橋の腐食事例

1.1　概要

　鋼道路橋塗装・防食便覧（平成17年12月(社)日本道路協会）（以下，「便覧」という。）の共通編では，既に鋼道路橋のさまざまな腐食事例の写真を掲載している。本章では，便覧第Ⅰ編 第2章 鋼道路橋の腐食の補足事項として，塩化物が鋼材の腐食に及ぼす影響，トラス橋斜材の埋め込み部材をはじめとする鋼コンクリート境界部の腐食，けた端部などにおいて著しい腐食の原因となっている凍結防止剤（塩化物）の影響及び付属物等の腐食事例について記述する。

1.2　塩化物の影響

　便覧第Ⅰ編 第2章では，鋼材の腐食の原理やその影響因子について解説している。鋼材腐食に影響を及ぼす因子は，水分，酸素の存在や温度の影響のほか，塩化物や硫化物があげられる。そのうち，道路橋の維持管理においては，特に塩化物の量が防食の成否に大きく関わっている。大気中の飛来塩分が鋼材表面に付着すると腐食反応を促進するため，海岸部は他の地域に比べて厳しい腐食環境にある（便覧第Ⅰ編 2.3）。また，飛来塩分量と海岸線からの距離の関係には地域差がある。図－Ⅰ.1.1に飛来塩分量と鋼材の腐食速度の比較例を示す。図中の板厚減少量や鋼材の腐食状況は，道路橋のけた内側の降雨のない箇所で行われた無塗装鋼材の暴露試験結果である。写真はいずれも暴露開始からわずか3年目のものであるが，塩分環境の違いによって既に明確な差が見られる。飛来塩分量が多い場合，腐食が発見されたときには異常さびとなっており，鋼材の板厚は急速に減少していることが多い。同図は裸鋼材の暴露試験の例であるが，厳しい腐食環境における塗膜劣化後の腐食進展はこれと同様の経過をたどると考えられるので，迅速に対策を施すことが肝要である。図－Ⅰ.1.2に，海岸線からの距離と飛来塩分量の関係を示す。飛来塩分量は，海岸線からの距離と両対数軸上で直線的な関係が見られるが，ここでは，両軸ともに普通軸で示す。海岸線に近いところでは，わずか数100mの違いでも飛来塩分量に顕著な差が生じる。例えば，海上の橋と数km内陸の橋の両方でたまたま同程度の塗膜劣化が見られた場合であっても，その後の劣化の進展速度が明らかに異なるため，内陸の橋と同じように海岸線近くや海上橋を維持管理していると，図－Ⅰ.1.1の裸鋼材の例と同様に，わずか1～2年で異常さび（こぶ状のさび）が発生することとなる。塩化物が腐食反応を促進する理由の一つとして，その潮解性があげられる（便覧第Ⅰ編2.3）。鋼材に付着した塩分は大気中の水分を取り込んで，電気伝導度の高い水溶液となることから腐食が促進される。このほか，塩化物イオンはさび層に侵入して鋼材表面に吸着する性質があり，いったん鋼材表面に接触すると鉄イオンが溶液中に溶出しやすい環境を形成する[1]。

　撤去された道路トラス橋の上弦材（写真－Ⅰ.1.1，写真－Ⅰ.1.2）を用いて，腐食断面における塩化物イオンの分布を調査した結果を図－Ⅰ.1.3に示す。また，図－Ⅰ.1.4にその結果の概念図を示す。

　上弦材の外面は降雨にさらされていたため，塗装の劣化が軽微であったが，内面は著しい腐食が生じており，塗膜のほとんどの部分がはがれ，異常さび（層状はくりさび）が広範囲にわたって見られた。この一部を切り出し，内面の腐食断面を元素分析装置を有する走査型電子顕微鏡により観察した結果，内面のさび中の塩化物イオンの多くは鋼材素地とさび層の境界面に濃縮していた。層状はくり

さびは試料加工の段階ではがれ落ちたので，別途測定したが（同図右の試料），塩化物の濃縮はほとんど見られなかった。また，これらのさび除去を行った際の溶液中の塩化物イオン量は，鋼材素地表面の薄いさび層で57g/m²，厚い層状はくりさび層で14g/m²であった。これらの結果から，さび中の塩化物イオンの大半が鋼材に吸着していくことがわかる（図－Ⅰ.1.4）。また，再塗装時にさびを全て除去しないと，腐食促進因子である塩化物イオンの多くは除去できないことが明らかである。

　これらの事例は飛来塩分に由来したものであるが，凍結防止剤散布に起因した塩化物によっても異常さびが発生しており，これに対する配慮が重要である。

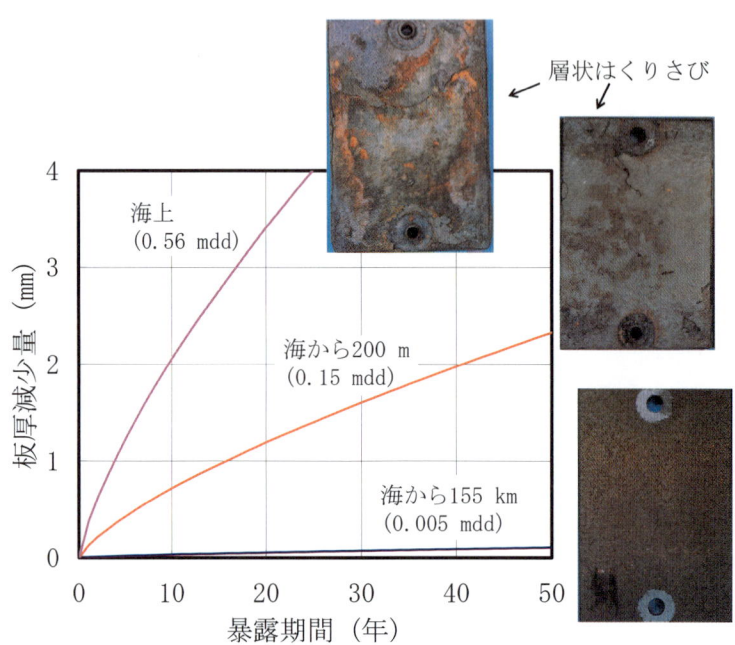

図－Ⅰ.1.1　飛来塩分量と鋼材の腐食速度
注）写真は耐候性鋼材の全国暴露試験[2,3)]の結果（いずれも暴露3年目，水平上面）を示す。
　　板厚減少量は9年間の結果に基づく外挿を含む。かっこ内は飛来塩分量(NaCl換算値)を示す。

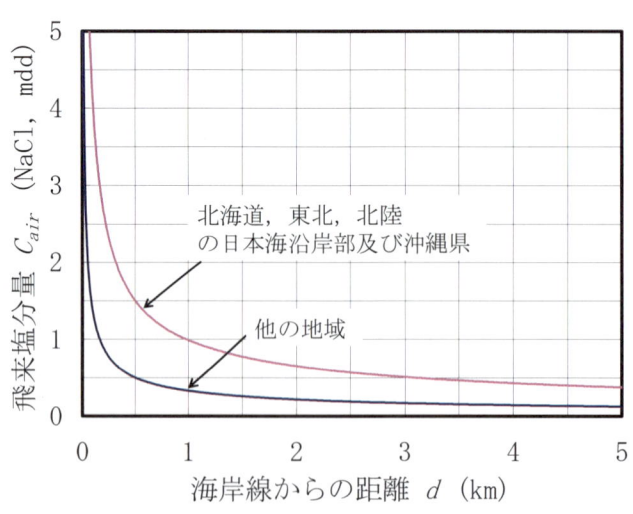

図－Ⅰ.1.2　海岸線からの距離と飛来塩分量の関係（試算例）[4)]

写真－I.1.1 調査対象部材の撤去前の状況
（日本海側，海岸線から3km，塗装系不明）

写真－I.1.2 上弦材の内部の腐食（天地反転）
注）さび中の塩化物イオン量は180g/m²。

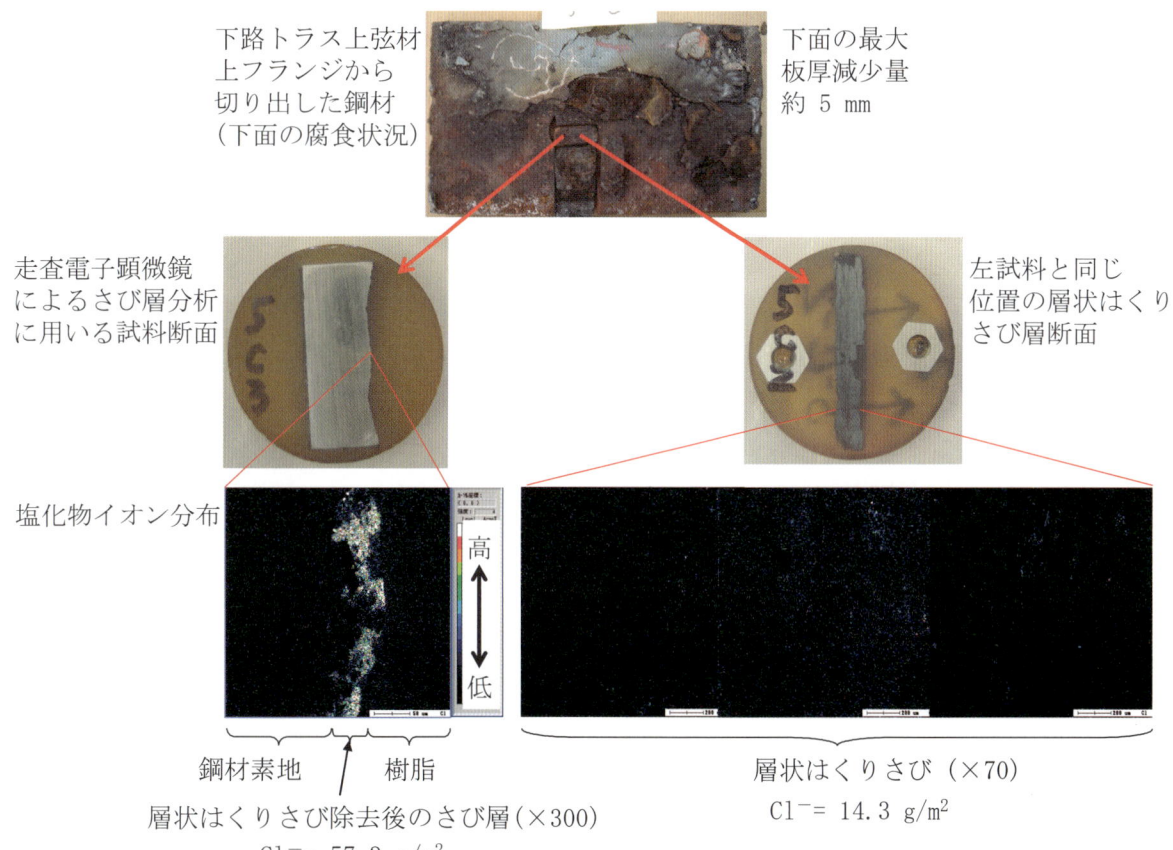

下路トラス上弦材上フランジから切り出した鋼材（下面の腐食状況）

下面の最大板厚減少量 約 5 mm

走査電子顕微鏡によるさび層分析に用いる試料断面

左試料と同じ位置の層状はくりさび層断面

塩化物イオン分布

鋼材素地 / 樹脂

層状はくりさび除去後のさび層（×300）
$Cl^- = 57.3$ g/m²

層状はくりさび（×70）
$Cl^- = 14.3$ g/m²

図－I.1.3 上弦材下面の腐食断面における塩化物イオン[5]

注）図中のCl^-はさび中の塩化物イオン量を示す。倍率は測定時の設定値を示す。
　層状はくりさびは鋼材素地に残ったさび層よりも極端に厚かったため，測定倍率を変更するとともに，厚さ方向に3回に分割して測定した。

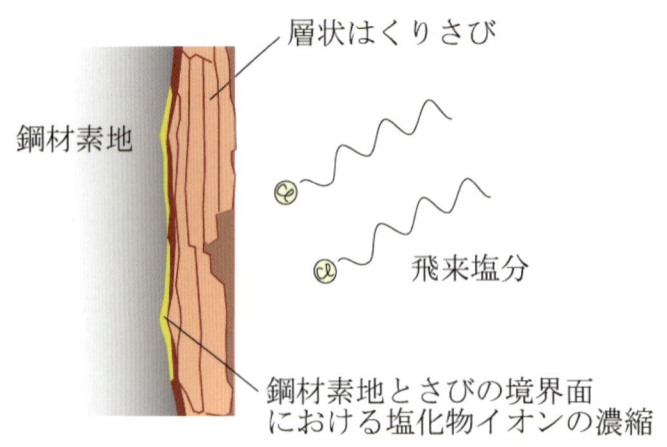

図-I.1.4　さび中の塩化物イオン（概念図）[5]

1.3　主部材の腐食事例

1.3.1　鋼コンクリート境界部の腐食事例

写真-I.1.3は，下路式トラス橋において，コンクリート床版に埋め込まれたトラスの斜材で，腐食による著しい断面欠損が生じ，破断に至った事例を示す。写真は，斜材周囲の床版コンクリートを調査はつりした前後の状況を示す。下路橋において垂直材や斜材等が床版を貫通する構造は，なるべく避けるのがよい（便覧第I編4.2 図-I.4.2 腐食マップ）。鋼コンクリート境界部の腐食の要因は，次の点があげられる。

- 貫通部に狭あいな空間ができやすく滞水や塵あい（埃）の堆積が生じやすい。
- 結露水や雨水が部材を伝うこともあり，常時湿潤状態となりやすい。
- コンクリートの強アルカリによって，塗膜やめっき層が早期に劣化する場合がある。
- コンクリートのひび割れや防食被覆の劣化によって境界部に隙間ができると，深くまで水や酸素，塩化物イオンが侵入しやすくなる。
- 鋼コンクリート境界部に近いコンクリートの中性化や塩化物イオンの浸透によって，コンクリート中であっても鋼材が腐食する場合がある。

（a）調査はつり前　　　　　　　　　　　（b）調査はつり後

写真-I.1.3　コンクリート床版に埋め込まれたトラス斜材の腐食に起因した破断事例[6]

このような鋼コンクリートの境界部は，トラス橋の事例のほか，アーチ橋，鋼製橋脚基部，パイルベント，橋梁用防護柵，近年採用されている鋼コンクリート複合構造などがある。これらの中には，構造本体の保持に重要な箇所に，鋼コンクリートの境界部があるものも含まれている。コンクリート床版に埋め込まれたトラス部材の補修事例[7]の場合，周囲のコンクリートをはつり取ることができるが，鋼コンクリート複合構造の本体構造を保持する部材などでは，コンクリートをはつることも容易でなく，補修・補強方法が確立されていない。

　主部材において，やむを得ずこのような境界部が設けられる場合は，強アルカリに比較的強い塗装（例えば無機ジンクリッチプライマーなど）あるいは防水材（アスファルトプライマーなど）を適用するとともに，勾配やかさ上げなどによって塩水の流入を避けるなど，境界部の腐食原因の除去に努める必要がある。沿岸部や凍結防止剤が散布されて塩水が飛散する部位では，塩化物イオンがコンクリート中に浸透して，埋め込み部材の腐食を招く恐れもあるので，埋め込み部周辺のコンクリートに塗装を施すなどの対策が必要である。いずれにしても定期点検の際に，健全度の把握ができるようにしておくことが望ましい。鋼コンクリートの境界部の防食方法は，まだ十分に確立されていない状況である。

　維持管理においては，鋼コンクリートの境界部を点検対象とするとともに，定期的に土砂や塵あい(埃)の除去を行うのがよい。また，境界部から腐食が見られた場合は，早期に詳細調査を実施して，原因除去や再塗装などの対策を施す。

1.3.2　凍結防止剤の影響

　写真－Ⅰ.1.4～写真－Ⅰ.1.7は，いずれも伸縮装置からの漏水（**写真－Ⅰ.1.8**）によって，局部的な腐食や塗膜劣化が発生したものである。凍結防止剤が散布される鋼道路橋の路面水には，多量の塩化物イオンが含まれることがあるため，伸縮装置や排水施設の不具合や床版のひび割れから漏水があると，比較的短期間に腐食が生じる可能性が高い。特に，けた端部は空間が狭あいで湿気がこもりやすく伸縮装置等の不具合により著しい腐食が見られることがある。

　けた端部は漏水に伴う土砂の流入により，水分の多い土砂が堆積しやすい（**写真－Ⅰ.1.9**，**図－Ⅰ.1.5**）。これに加えて，塩化物イオンの混入は早期に著しい腐食をもたらす大きな要因となる。

　けた端部の腐食については，便覧第Ⅰ編4.3.1において漏水・滞水対策に配慮した構造や対策について解説があるので，漏水・滞水による腐食を避け，腐食環境を改善するため設計・施工や維持管理方法において十分に配慮するのがよい。

写真－I.1.4　橋台部の漏水による腐食

写真－I.1.5　橋脚部の漏水による腐食

写真－I.1.6　プレートガーダー橋のけた端部腹板の局部腐食と断面欠損

(a) 土砂堆積による腐食

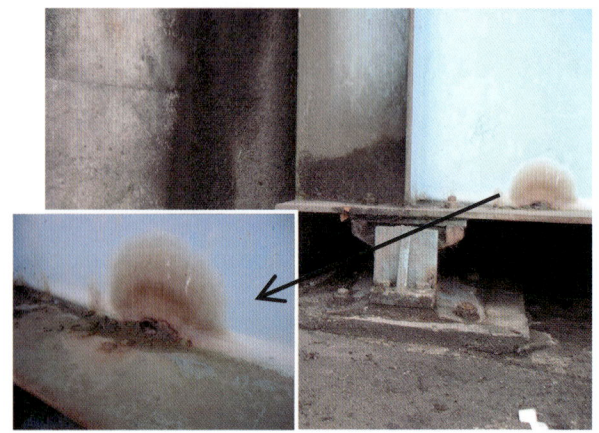
(b) 左写真(a)の裏面

写真－I.1.7　鋼道路橋のけた端部における腐食事例

写真－Ⅰ.1.8 伸縮装置からの漏水

写真－Ⅰ.1.9 けた端部の土砂やゴミの堆積

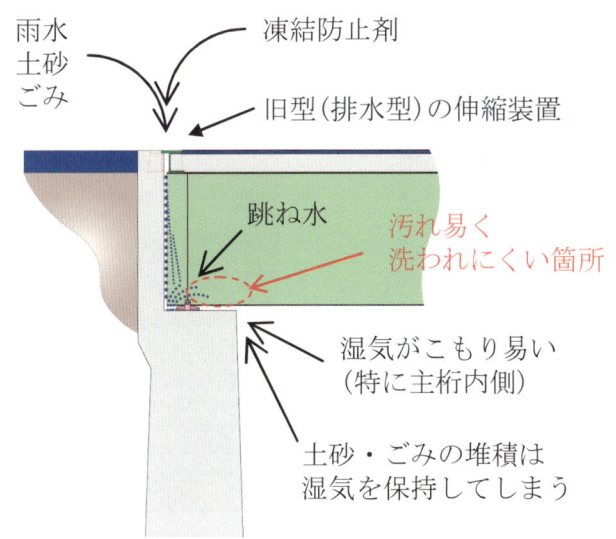
図－Ⅰ.1.5 道路橋けた端部の腐食環境（概念図）[5]
注）伸縮装置が非排水型でない場合，または漏水がある場合

　伸縮装置からの漏水は，非排水型の伸縮装置の使用や，埋設ジョイントなどによるノージョイント化によって改善されるが，これらの劣化による防水機能の低下によって漏水が見られる場合がある。こうした不測の漏水に対しても別途の対策を併用しておくことが望ましい（便覧第Ⅰ編4.3.1）。原因除去の観点から，ジョイントからの漏水を二重三重の対策によって防ぐことが望ましい。伸縮装置の取り換えに時間を要する場合には，簡易な排水装置を用いるなどして応急処置を施す[8]ことが重要である。

　既設橋梁では，外力によって排水管が破損したり，鋼材を用いた排水管では内部からの腐食によって貫通孔ができ，排水管に不具合が生じる場合がある（写真－Ⅰ.1.10）。排水管の不具合による漏水によって，箱げた内部に滞水したり，鋼部材に漏水がかかるなど，防食上の不具合を引き起こすことがある。排水管の流末処理については，鋼げたに排水がかからないように配慮する必要がある（便覧第Ⅰ編4.3.1）。近年，凍結防止剤の散布量が比較的多い道路橋では，下部構造の鉄筋コンクリート部材に塩水がかかり，鉄筋コンクリートに著しい塩害劣化が生じる事例[9]が報告されていることから，排水管の流末処理は，上部構造だけでなく下部構造にも十分な配慮が必要である。

凍結防止剤が散布されることを想定していない時代に架設された道路橋は，防水や排水の現況をよく把握して，防水方法や排水管を適宜改良していく必要がある。点検において漏水などの不具合が発見された場合，速やかに応急処置できるように，処置に必要な材料や道具をあらかじめ準備しておくことが望ましい。

　漏水以外の事例として，凍結防止剤を含む路面水が交通車両により飛散した塩分が付着して腐食する場合がある。特に，耐候性鋼橋梁の場合は，このような影響を受ける場所への適用を避ける必要があるので，計画段階からの配慮が必要である（便覧第Ⅲ編2.2.1）。塗装橋梁では，塗膜劣化に伴い凍結防止剤の影響を受けた事例[10]がある。b-1塗装系の鋼トラス下路橋において，トラス部材は，上部，路面付近，下部（下弦材）のいずれの高さにおいても，日射の影響による塗膜に割れが生じていたが，特に通行車両が巻き上げる路面水が直接かかる路面付近で腐食が進行していた。

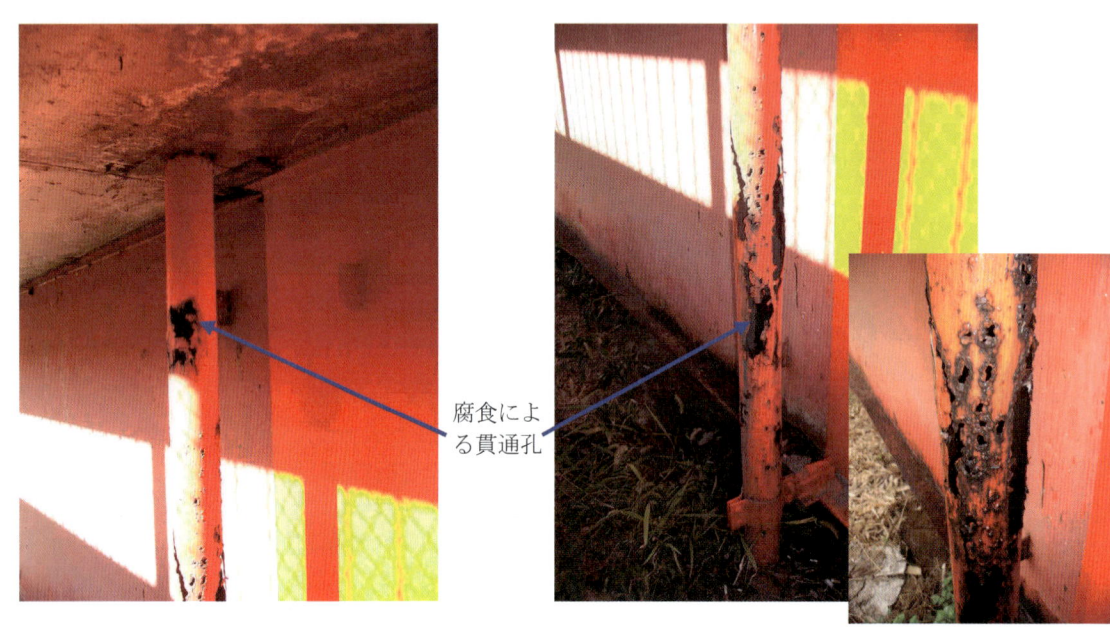

写真－Ⅰ.1.10　鋼製排水管の内部からの腐食による不具合事例
注）左：排水管上部，右：同下部，右下：降雨時の拡大写真

1.4 付属物等の腐食事例

1.4.1 アルミニウムめっき防護柵の腐食事例

写真－Ⅰ.1.11 は，海岸部における道路橋のアルミニウムめっき防護柵において，防護柵基部のコンクリートとの境界部付近やコンクリート内部に著しい腐食が見られ，地覆コンクリートにその腐食膨張による四方へのひび割れが見られた事例である。アルミニウムはコンクリートのアルカリ分により溶解し易く，そこにコンクリート中に浸入した塩化物イオンにより腐食が進行したと考えられる。塩分を含むコンクリート中において著しい粒界腐食を起こすアルミニウム部材などと同様に，コンクリートに埋め込む部分には，塗装と併用するなどの防食を施す必要がある。なお，亜鉛もアルミニウムに近い性質を有していることから，亜鉛めっきの場合も同様の対策が必要である。

写真－Ⅰ.1.11 塩害対策地域におけるアルミニウムめっき防護柵基部の腐食
（日本海側沿岸部，地覆部，約 30 年供用後）

注）右の写真は，左の写真に示す地覆から取り出した直後の防護柵柱基部の写真を示す。

1.4.2 ステンレス鋼照明柱の腐食事例

写真－I.1.12は，ステンレス鋼の照明柱とコンクリートの界面において，すきま腐食によると考えられる著しい腐食が見られた事例である。境界面に塩水などが浸入しないように，塗装などの処置を施す必要がある。

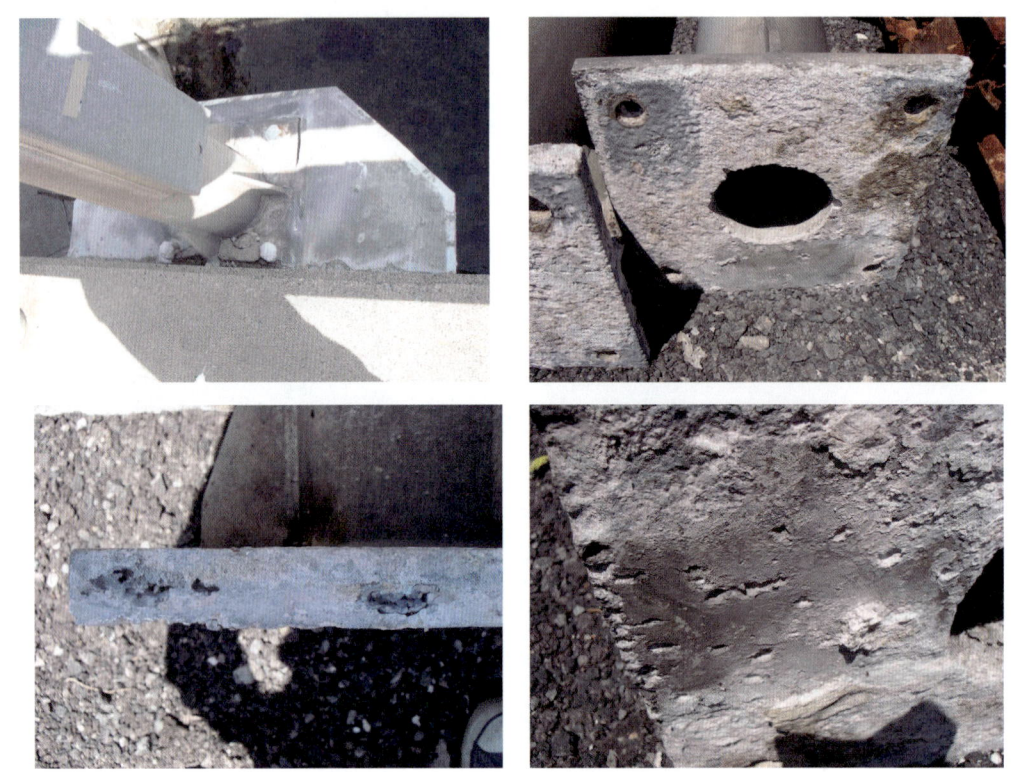

写真－I.1.12 塩害対策地域におけるステンレス鋼を用いた照明柱基部の腐食
（日本海側沿岸部，約30年供用後）

注）左上：撤去直前の状況。右上：照明柱下面のコンクリートと接していた面。
左下：同一橋の照明柱基部フランジ側面の孔食。右下：同フランジ下面の孔食。

1.4.3 コンクリート部材の補強鋼板の腐食事例

コンクリート部材の補強として，鋼板接着工法が適用されることがあるが，鋼板部分の塗装塗替えが実施されていない事例が見られる（写真－I.1.13）。コンクリート橋を鋼板で補強した場合には，その鋼板の塗装は塗替えが必要となるので，維持管理計画などにおいて配慮する必要がある。

写真－I.1.13 補強鋼板の腐食事例（日本海側，海岸線から100m）

写真-Ⅰ.1.14 は，塩害損傷の見られたコンクリート部材を，プレパックドコンクリートで補修する際に用いられた，亜鉛めっき鋼製型枠の補修当時と 20 年後の写真を示す。SS400 材相当，板厚 3.2 mm の鋼板に溶融亜鉛めっき（JIS H8641-1969，3 種 55C（付着量 550g/m²））されたものであったが，20 年後にはめっきされていたことがわからないぐらいにさびで覆われていた。この事例では，鋼材そのものは強度部材ではなかったが，さびのはく落や景観の観点から，沿岸部におけるめっき鋼板についても，塗装などの維持管理を検討しておく必要がある。

　　　　　（a）補修当時　　　　　　　　　　　　　（b）補修から 20 年後
写真-Ⅰ.1.14　亜鉛めっき鋼板の腐食事例（日本海側，海岸線から 40m）[11]

第2章　防食法設計時の留意点

2.1 概要

便覧第Ⅰ編では塗装，耐候性鋼，溶融亜鉛めっき，金属溶射の4種類の防食法をあげて，防食法の選定や設計について解説している。この章では，防食法選定及び防食法設計時の参考となる資料として，各防食法を適用した事例の写真を比較した腐食に注意すべき環境及び部位，及び防食法の選定時の検討項目について記述する。

2.2 腐食に注意すべき環境及び部位について

便覧第Ⅰ編では，防食法の劣化や鋼材の腐食の速さが，地理的・地形的要因や構造的要因により異なるため，防食設計を計画～設計～施工の各段階を通して行う必要のあることを記述している。鋼道路橋において腐食に注意すべき環境は，湿潤状態が継続したり，塩分が付着し易い場合である。地理的・地形的要因により橋全体が腐食の生じやすい環境におかれる場合と，構造的要因によりけた端部のように一部の部位だけ湿潤状態が継続する場合等がある。ここでは，腐食環境の違いによる防食機能の劣化及び鋼材の腐食状況を補足するために，地理的・地形的要因と構造的要因に分けて，腐食環境が厳しい場合と穏やかな場合の防食機能の劣化及び鋼材の腐食の状況の違いを写真を用いて対比する形で整理した。ただし，防食法の優劣を付けるためのものではない。

なお，ここに掲載した写真はごく一部の事例である。腐食環境の違いを防食に適切に反映できなかった場合に生じうる可能性の高い腐食状況の事例を掲載することにより，防食に対する注意喚起を促すこと，また，維持管理の重要性の認識を高めるためのものである。

金属溶射は，鋼道路橋での使用年数が未だ短く掲載が少ないが，厳しい腐食環境では塗装やめっきと同じく寿命が短くなる等，その傾向は同じと考えられる。

2.2.1 地理的・地形的要因による腐食環境の違い

地理的・地形的要因による腐食環境の違いは，一般に，海からの離岸距離が短い場合や凍結防止剤を撒布する路線の橋など塩分の影響を強く受ける環境や，湿潤状態が継続する環境が厳しい腐食環境であり，塩分の影響を受けない環境や，湿気の少ない環境が穏やかな腐食環境である。表－Ⅰ.2.1に潮風の影響による厳しい腐食環境の橋と穏やかな腐食環境の橋の防食機能の劣化及び鋼材の腐食の状況の違いを写真で対比する形で整理した。

(1) 塗装

C-5塗装系の歴史は長くないが，現時点での評価としては，C-5塗装系と同等の性能を有するC-4塗装系（鋼道路橋塗装便覧，平成2年6月）が海上のトラス橋で建設後17年経過してもチョーキング等の劣化が見られず，塗膜は健全な状態を維持しており，長期の防食性能が確認されている。海岸部で建設後28年経過したB塗装系の鋼橋のけた間は，防食機能が劣化し鋼材に著しい腐食が生じている。しかし，B塗装系より耐久性の劣るA塗装系を使用した建設後30年経過した鋼橋のけた間でも，山間部であれば防食機能の劣化及び鋼材の腐食の程度は，海岸部のB塗装系に比べ著しくない。ただし，この事例では，すでに下フランジが全面に腐食しているので，塗替え塗装する必要がある。

(2) 耐候性鋼材
　建設後15年経過した耐候性鋼橋梁のけた間で海岸部と山間部を比較すると，山間部では保護性さびの形成が進んでいるが，海岸部では異常さびが発生し著しい腐食が生じている。

(3) 溶融亜鉛めっき
　海岸部で建設後17年経過しためっき橋梁けた間のガセットは，めっきの著しい白さびとともに鋼材素地からのさびも生じ始めており，めっき皮膜の防食機能が著しく低下して補修が必要となっている。しかし，山間部であれば建設後36年経過してもエッジ部に多少白さびの発生はみられるものの防食機能は健全な状態を維持している。

　厳しい腐食環境の場合，けた外が健全であってもけた間の防食機能の劣化及び鋼材の腐食が著しくなる場合が多い。これは降雨による洗浄作用がないため，潮風により運ばれてきた飛来塩分が表面に付着，堆積しやすいためである。また，潮風の影響を受け，かつ，けた間に湿気がこもり易い地形や構造の場合，特に腐食が著しくなりやすい。

　建設後，塩分が付着して鋼材の腐食が進展した場合，塩分がさびの内部に侵入しているため，塩分の除去が難しく，ブラストでは完全に除去できない場合がある。塩分除去の確認は，電導度法等素地の影響を受けにくい方法で行い，確実に塩分除去が行われたかを確認する必要がある。塩分除去のための高圧洗浄は大掛かりな方法であり，洗浄水の回収等が必要となる場合はけた下の養生等も大掛かりとなり多大な費用が必要となることがあるので，鋼材に著しい腐食が生じる前に防食法の補修を行う等，事前に補修計画を検討し，計画通りに実施するとともに，補修時に補修計画の妥当性の確認，見直しを行うことが望ましい。

　防食法の選定にあたっては，本資料集で示した事例以外にも，近隣の鋼橋や類似環境の鋼橋の事例を参考にするなど，架橋条件や維持管理方法を考慮し，十分に検討することが必要である。

表−I.2.1 潮風の影響

防食法	厳しい腐食環境	穏やかな腐食環境
(1)塗装	塗装橋梁（C-5系），海上，建設後17年経過，トラス主構 塗装橋梁（B系），海岸部（河口から200m），建設後28年経過，けた間	塗装橋梁（A系），田園地帯，建設後30年経過，けた間
(2)耐候性鋼材	耐候性鋼橋梁，海岸部（河口から100m），建設後15年経過，けた間	耐候性鋼橋梁，山間部，建設後15年経過，けた間
(3)溶融亜鉛めっき	めっき橋梁，海岸部（河口から250m），建設後17年経過，けた間ガセット	めっき橋梁，田園地帯，建設後36年経過，けた間ガセット

2.2.2 構造部位による腐食環境の違い

　同一橋梁内であっても構造部位により腐食環境は異なることに注意が必要である。部位ごとの環境に合せて防食法を変更するか，橋梁内で最も厳しい腐食環境部位に全体を合わせる等，類似形式の橋梁の事例等を参考に，事前に十分検討することが必要である。ここでは，湿潤状態が継続する部位や凍結防止剤等の塩分が付着する部位を厳しい腐食環境，湿気が少なく凍結防止剤等の塩分の付着のない部位を穏やかな腐食環境，塗装橋梁を対象として日射を受ける部位を厳しい腐食環境，日陰の部位を穏やかな腐食環境という。漏水，滞水，凍結防止剤の影響等に対しては，計画〜設計〜施工を通して配慮を行うことが必要であるが，特に当初設計の段階でできるだけ配慮しておくことが重要である。それでも供用後の伸縮装置や床版，排水装置等の劣化，土砂の堆積等により漏水や滞水は生じることがあり，また，走行車両により隣接道路から持ち込まれた凍結防止剤による塩害事例等，当初設計時に想定しなかったルートで凍結防止剤の付着が生じること等もある。この対策は適切な周期で実施される点検により異常を早期に発見し，速やかに漏水，滞水の是正措置を施し，そして損傷が生じている場合は補修・補強を行うことである。これらは維持管理の重要な役割である。

　表−I.2.2は漏水，滞水の影響を整理したものであり，伸縮装置などの不具合により漏水・滞水が発生しやすいけた端の写真を示している。塗装，耐候性鋼材，溶融亜鉛めっき，金属溶射の全ての防食法において，漏水や滞水の起きていない箇所と比較して，漏水や滞水があると防食機能の劣化が早くさびが発生していることがわかる。

　表−I.2.3は凍結防止剤の影響を整理したものであり，局部的に厳しい腐食環境となっている部位の例を示す。塗装は，散布した凍結防止剤が路面の水に溶け，その水が通行車両により頻繁に巻き揚げられ，高欄やトラスの垂直材や斜材に付着してさびが生じている事例である。巻き揚げられた水の届かない上部はさびが生じていない[10]。耐候性鋼材で異常さびが生じているのは並列橋の事例であり，隣接する道路橋から凍結防止剤の溶けた路面の水が通行車両により頻繁に巻き揚げられ付着したのが原因である。路面の水のかからない反対側のけた外は健全な状態を維持している。

　表−I.2.4は降雨による洗浄作用の影響を整理したものであり，降雨による洗浄作用のある外げた腹板外面は，厳しい腐食環境であっても著しい腐食は生じ難い。これまでの事例から，塗装などの防食機能の点検，評価は，洗浄作用を受けないけた間の腐食が早いため，けた間や支点付近を重点的に行うことが望ましい。一般に目に付き易い部位は洗浄作用のため腐食が生じ難い部位であることに注意が必要である。漏水，滞水，凍結防止剤，降雨による洗浄作用の影響は，腐食が生じるまでの速度に多少の違いはあるものの，どの防食法においても厳しい腐食環境では防食法の耐久性が短くなる。特に塩分等の付着により腐食が著しく進行した場合の補修は，大掛かりなものとなることを十分に考慮した維持管理計画の策定が重要である。

　表−I.2.5は日照の影響を整理したものである。日射を直接受ける外げた外面や下路橋の部材において，日照の影響により発生するチョーキング（白亜化）は塗装に生じる現象であり，その他の防食法には生じない。チョーキングは，紫外線や水分等の影響で樹脂が分解して塗膜表面が粉化する現象であり，塗膜が表面から徐々に消耗し，進行すると下の塗膜が透けて見えるようになる。田園地帯で建設後37年経過したA塗装系を使用した鋼橋では，日射を受ける部位はチョーキングが著しく白っぽくなっているが，日陰の部位ではチョーキングも少なく塗膜は健全な状態を維持している。C-5塗装系はチョーキングが非常に少ないふっ素樹脂塗料を上塗りに使用しており，従来のA，B塗装系はもちろんのこと，ポリウレタン樹脂塗料を上塗りに使用した塗装系より，日照による劣化は生じ難い（図−II.1.2参照）。

表-I.2.2 漏水,滞水の影響

項目	厳しい腐食環境(湿潤状態)	穏やかな腐食環境(乾燥状態)
塗装	塗装橋梁(B系),海岸部,建設後34年経過,排水管から漏水	左と同一橋梁 けた間
耐候性鋼材	耐候性鋼橋梁,山間部,建設後11年経過,伸縮装置から漏水	左と同一橋梁 けた間
溶融亜鉛めっき	めっき橋梁,都市部,建設後27年経過,けた端部けた間	左と同一橋梁 けた間
金属溶射	溶射橋梁,けた端部,施工後9年経過,床版から漏水	左と同一橋梁 けた間

表－I.2.3 凍結防止剤の影響

項目	厳しい腐食環境 （凍結防止剤が付着）	穏やかな腐食環境 （凍結防止剤の付着なし）
塗装	塗装橋梁（b-1系），田園地帯， 塗替え後8～9年経過，路面近接部位	左と同一橋梁 路面から離れた部位
耐候性鋼材	耐候性鋼橋梁，山間部， 建設後16年経過，けた外（並列橋）	左と同一橋梁 けた外

表−I.2.4 降雨による洗浄作用の影響

項目	厳しい腐食環境（飛来塩分の付着）	穏やかな腐食環境（飛来塩分の付着なし）
塗装	塗装橋梁（B系），海岸部（河口から2km），建設後9年経過，けた間	左と同一橋梁 けた外
耐候性鋼材	耐候性鋼橋梁，海岸部（海岸から2km），建設後11年経過，けた間（ウロコ状のさび）	左と同一橋梁 けた外
溶融亜鉛めっき	めっき橋梁，海岸部（河口から250m），建設後17年経過，けた間	左と同一橋梁 けた外

表-Ⅰ.2.5 日照の影響

項目	厳しい腐食環境 (日射を受ける部位)	穏やかな腐食環境 (日陰の部位)
塗装	塗装橋梁(A系), 田園地帯, 建設後37年経過, けた外	左と同一橋梁 コンクリート土留めにより日射が遮られている部位

2.3 防食法の選定手順

新設鋼道路橋の防食法の選定についての基本的な考え方等は，便覧第Ⅰ編4.2に記載がある。標準的な防食法の選定手順を**図－Ⅰ.2.1**に示す。

なお，この図は標準的な検討項目と検討の流れをあげたものであり，設計条件や架橋環境によっては他にも検討が必要な項目が出てきて，選定の流れは変わることもあるので留意されたい。

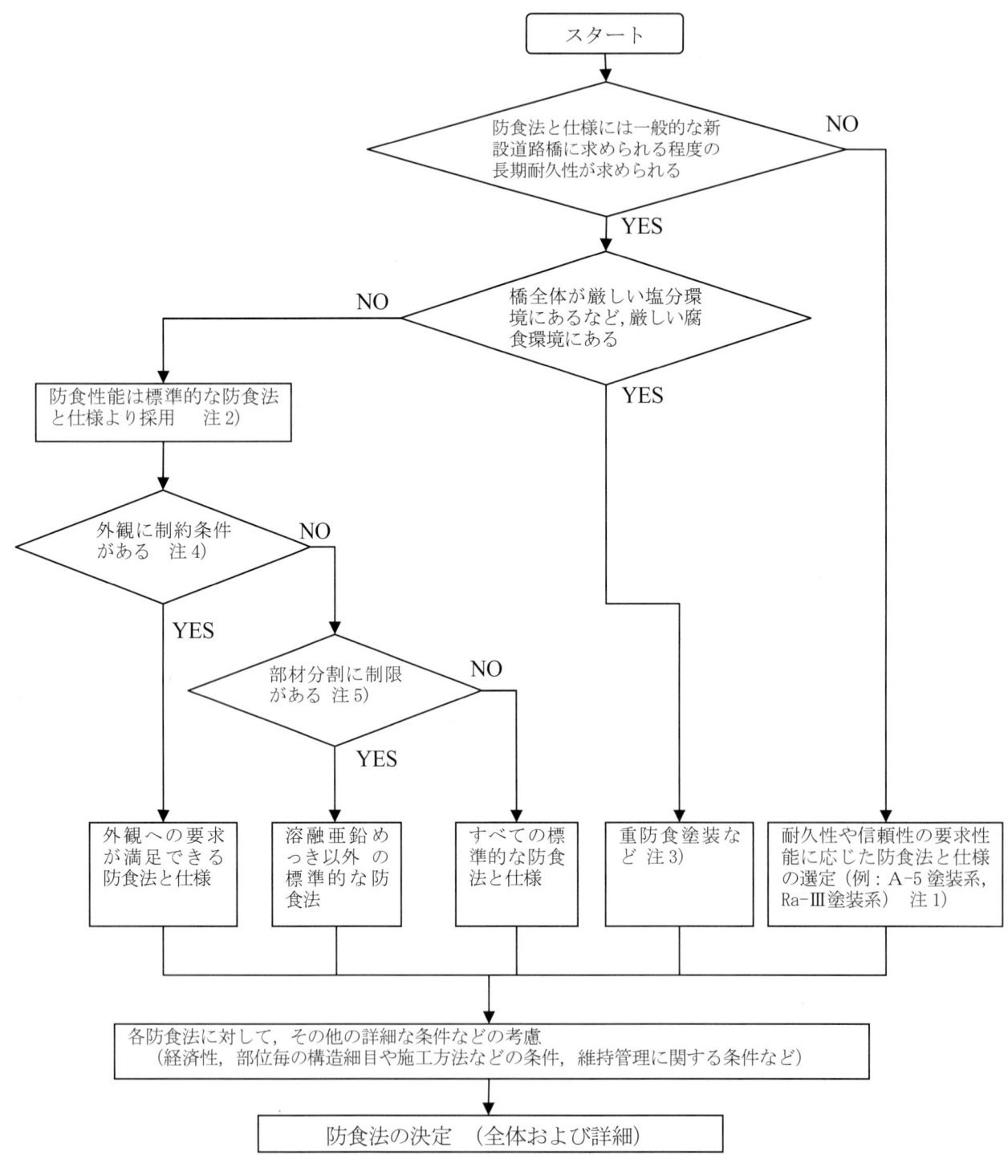

図－Ⅰ.2.1　防食法の選定手順

注1) 耐久性や信頼性の要求性能に応じた防食法と仕様の選定

　　一般環境にある橋で既にA，a塗装系が塗られていて十分な防食性能を有している場合，および20年以内に架け替えが予定されている場合などには，A，a塗装系を適用可能（便覧第Ⅱ編1.1）。

注2) 標準的な防食法と仕様

　　標準的な防食法と仕様とは一般塗装を除く代表的な防食法とし，重防食塗装，耐候性鋼材，溶融亜鉛めっき，金属溶射の各防食法と仕様を指す。

　　なお，局部的に厳しい腐食環境となることがあるため，適用にあたっては，一般に行われている局部腐食対策を考慮する。例えば，雨水等が滞留しないよう適切な排水処理を施し，また湿気がこもらないよう風通しのよい構造とする等の工夫や，耐候性鋼材のけた端部における部分塗装（便覧第Ⅲ編3.3.2）など局部的に複数の防食法を併用することが行われている。

　　他に，防食法の適用環境条件に応じた配慮も必要となる。例えば，耐候性鋼材（JIS G 3114，SMA）を無塗装で使用できる適用環境条件として，所定の方法で測定した飛来塩分量が0.05mddを超えない地域，あるいは道路橋示方書・同解説Ⅱ鋼橋編の図解5.1に離岸距離で示す地域を示している（便覧第Ⅲ編2.2.1(2)）。

注3) 重防食塗装など

　　海水飛沫を頻繁に受ける海上や海岸直近の厳しい塩分環境に位置する橋など，特に厳しい腐食環境において推奨される仕様として，重防食塗装（C-5塗装系）があげられる。また，重防食塗装の防食下地として用いられる無機ジンクリッチペイントの代わりに金属溶射や溶融亜鉛めっきを用いて表面に重防食塗装を行う複合防食の事例がある。防食下地に金属溶射を用いる場合，金属溶射面は非常に多孔質であるため，塗膜にピンホールが生じやすいので封孔処理を確実に施す必要がある（便覧第Ⅱ編2.2.5）。防食下地に溶融亜鉛めっきを用いる場合，溶融亜鉛めっき面における塗膜の密着性確保のため，スィープブラストなどの前処理が必要である（便覧Ⅱ編2.2.4）。また，注5)記載の通り部材分割の制限の検討も必要となる場合がある。

注4) 外観の制約条件

　　景観対策などで特定の色彩にする場合などの外観の制約条件を指す。

　　景観や美観への配慮は，色彩等により強調する場合と，既存の風景と調和させる場合があり，外観の色彩や光沢に対する要求が異なる。素材の色彩を利用して着色しない場合やそもそも景観に配慮が必要ない場合は，着色無しの防食法がある。一方，美観や景観へ配慮するために意図的に特定の色彩に外観を着色する制約条件がある場合に適用する防食法として，注3)記載の重防食塗装などがあげられる。ただし，金属溶射や溶融亜鉛めっきを防食下地とした複合防食を景観対策だけで採用する場合は，経済性に注意が必要である。

　　耐候性鋼材の耐候性鋼用表面処理剤には，着色の機能を有するものもある（便覧第Ⅲ編2.2.2(3)）。ただし，耐候性鋼用表面処理剤は，比較的穏やかな腐食環境において保護性さびの形成に伴い風化・消失するものであることから，着色した初期色調は失われさびに変化する点，さびの進行の不均一さにより色むらを生じる点を考慮する必要がある。

注5) 部材分割の制限

　　溶融亜鉛めっきの施工では，めっき槽に入れられる大きさに部材を分割する必要があるので，めっき槽の大きさに応じた施工可能サイズまで部材の分割が出来るか検討が必要である（便覧第Ⅰ編3.2.4）。

第3章 維持管理の留意点

3.1 概要

　鋼道路橋に適用される防食法は，多くの場合年月の経過にともなって劣化が進行し，防食機能が低下する。このとき，劣化の程度は構造部位毎の環境の違いや施工品質の差から部位によっても異なったものとなり一様にはならない。したがって供用後は適切な頻度と方法で点検を行って防食の劣化や損傷状態を評価するとともに，適切な補修を行うことにより所要の機能が満足される状態に維持管理をおこなうことが大切である（便覧第Ⅰ編 第6章）。ここでは，効率的な維持管理と予防保全の見地から重要な初期点検について記述する。また，維持修繕計画（維持管理計画）を策定する際の留意点について記述する。

3.2 初期点検（初回の定期点検）

3.2.1 初期点検（初回の定期点検）の概要

　現在，国が行っている橋梁の定期的な点検の基本としている橋梁定期点検要領（案）[12]では，定期点検の点検頻度を，「供用後2年以内に初回を行うものとし，2回目以降は，原則として5年以内に行うものとする。」としている。初回の定期点検（初回点検）を供用後，2年以内に行う目的は，橋の完成時点では必ずしも顕在化しない不良箇所などの初期欠陥を早期に発見することと，橋の初期状態を把握して，その後の損傷の進展過程を明らかにすることにある。なお，橋が完成してから長期間供用しない場合にも防食に異常が発生している場合があるので，完成後2年以内に点検するのが望ましい。

　初期欠陥の代表的なものの中には「施工品質に起因」するものとして，塗装のはがれや膨れ，排水不良（排水勾配不足）があげられ，「設計上の配慮不足」，「環境との不整合」に起因するものとして，異種金属接触による異常腐食，耐候性鋼材の異常腐食，排水不良（排水管長不足）があげられている。これらの初期欠陥は塗装・防食に関係しており，これらの発見が遅れた場合，いたずらに耐久性を損なうばかりか，状態によっては鋼材の腐食が急速に進行し部材の取り替え等が必要となり，補修補強工事の規模が大きくなる可能性が高い。このように初期点検は橋の維持管理を行ううえで重要な位置を占めている。橋梁定期点検要領（案）では，橋の損傷種別を26種類に分類し，点検の標準的方法は目視である。この中で塗装・防食に関連する損傷は「腐食」と「防食機能の劣化」に区分されている。各々の損傷の一般的性状と損傷の特徴の概要は以下のようになっている。

(1) 腐食

【一般的性状・損傷の特徴】

　橋梁定期点検要領（案）[12]によれば，腐食の定義は次のようになる。腐食は，（塗装やめっきなどによる防食が施された）普通鋼材では集中的にさびが発生している状態，またはさびが極度に進行し断面減少を生じている状態をさす。耐候性鋼材の場合には，保護性さびが形成されず異常なさびが生じている場合や，著しいさびの進行により断面減少が大きい状態をさす。腐食しやすい個所は漏水の多いけた端部，水平材上面など滞水しやすい箇所，支承部周辺，通気性，排水性の悪い連結部，泥，ほこりの堆積しやすい下フランジの上面，溶接部等である。

【他の損傷との関係】
　基本的には，断面欠損を伴うさびの発生を腐食として評価し，断面欠損を伴わないと見なせる程度の軽微なさびの発生は防食機能の劣化として評価する。断面欠損の有無の判断が難しい場合には，腐食として評価する。
【その他の留意点】
　腐食を記録する場合，塗装などの防食機能にも損傷が生じていることが一般的であり，これらについても同時に記録する必要がある。
(2) 防食機能の劣化
【一般的性状・損傷の特徴】
　鋼部材を対象として，塗装やめっき，金属溶射においては，塗膜または，金属皮膜の劣化により変色，割れ，膨れ，はがれ等が生じている状態をさす。
【他の損傷との関係】
　鋼材にさびが生じている場合には腐食としても評価する。耐候性鋼材で保護性さびを生じるまでの期間は，さびの状態が一様でなく異常腐食かどうかの判断が困難な場合があるが，著しい断面欠損を伴うと見なせる場合には腐食として評価する。

3.2.2　初期の不具合事例

　防食方法によっては初期変状の状況は異なる。ここでは，塗装，耐候性鋼材，溶融亜鉛めっき，及び金属溶射の劣化の概要と代表的な初期の不具合事例を示す。なお，便覧第Ⅰ編4.3には防食の耐久性に配慮した構造設計例を示しており，初期の不具合を排除するための基本事項がまとめられている。以下は各防食方法の注意点について記述する。
(1) 塗装[13]
　塗膜の劣化は，塗装色の退色（色あせ）や変色に始まり，塗膜表面の膨れ，割れ等が代表的である。下塗り塗膜が劣化すると鋼材表面に酸素と水分が供給されるため，鋼材の腐食が始まる。塗膜の管理においては，このように下塗りまでが劣化を始める前に何らかの予防措置を講じることが鋼道路橋の維持管理のうえで重要である。塵あい(埃)の溜まりやすい箇所や流下水，湿気の多い箇所等は塗装劣化が他の部位よりも急激に進行するため注意を要する。
(2) 耐候性鋼材
　耐候性鋼材は，保護性さびの形成により以降の腐食の進展が抑制され，所定期間の板厚減少量を一定限度内に抑制することによって耐久性を実現する防食法である。しかし，保護性さびの形成に配慮し，周到に計画，設計，製作，架設が行われた耐候性鋼橋梁であっても，実際に架設された橋では，構成部材の部位によっては計画，設計段階での想定より厳しい環境にさらされる場合や，予期しない箇所や経年劣化部位からの漏水などで局部的に環境悪化が生じた場合，保護性さびが形成されない場合があるので注意を要する。
(3) 溶融亜鉛めっき[13]
　亜鉛めっき部材は，表面が光沢を失う白さびと呼ばれる現象が生じるが，これは白色または白色に一部淡褐色の斑点を伴い，かさばった亜鉛酸化物が表面に形成される状態である。この白さびが著しく厚く付着している場合は，強酸性物質，有機酸，塩分など亜鉛を腐食させる物質が付着していることが考えられ，これらを早期に除去する必要がある。

また，温度の高いめっき槽に浸ける工程で，溶接部の残留応力が解放されるために，部材が変形するが，この時に補剛材の端部等にき裂が入ることがある。このような部位は早い段階から異常が見られるため初期点検において注意を要する。

(4) 金属溶射

鋼道路橋の防食法としての金属溶射は歴史が浅く，現在までのところ経年劣化により防食機能を失って補修補強された事例が少なく，まだ適切な補修方法が確立していない。一般的に亜鉛を含む金属溶射は溶融亜鉛めっきと同様に白さびが発生する。この白さびが，手でこすると粒状になって落下するような状態は，溶射皮膜の保護性を消失している特徴なので，なるべく早期に対策を施すのがよい。

常温溶射工法等は開発されて実施工が開始されてからの経過年数が浅いため，今後どのような変状が現れるのか未知の面がある。しかし，溶融亜鉛めっき部材と同様，かさばった亜鉛酸化物の生成が予想されるため，湿潤状態に置かれる部材等については注意を要する。

写真－Ⅰ.3.1には代表的な不具合の事例を示す。(1)は床版からの漏水に起因する縦げた上フランジの腐食である。このような腐食を防止するためには床版防水工の設置が効果的である。(2)は床版に設置されたスラブドレーンからの漏水に起因する下横構の腐食である。スラブドレーンにパイプを取り付け漏水が下横構に掛からない配慮をすれば，このような腐食は防止できる。(3)，(4)は耐候性鋼材を使用した鋼道路橋に見られる不具合事例である。

(1) 床版からの漏水に起因する腐食

(2) スラブドレーンからの漏水に起因する腐食

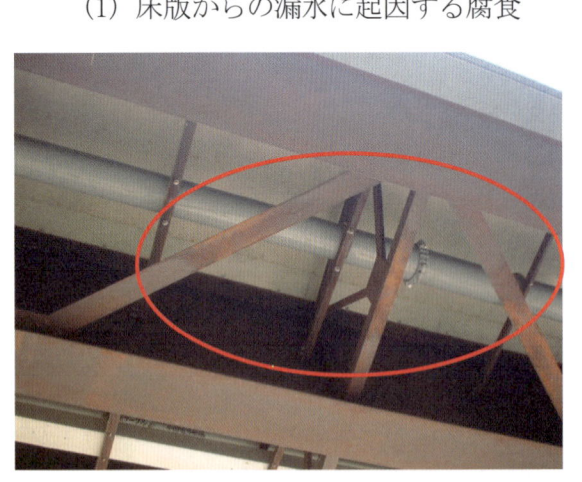

(3) 結露水の落下による赤さび

(4) 伸縮装置からの漏水に起因する赤さび

写真－Ⅰ.3.1 代表的な初期の不具合事例

3.3 維持修繕計画策定上の留意点

3.3.1 鋼橋に腐食が発生する理由

　鋼道路橋の維持修繕計画（維持管理計画）においては，塗装塗替えなどの防食対策を考慮することが不可欠である。鋼橋は，理想的な塗替えにより維持管理されれば，腐食が生じることはないはずであるが，既設橋梁の著しい腐食事例は後を絶たない。これまでのところ，鋼道路橋の損傷による架替え理由のうち，その約半数を腐食が占めているのが実状である[14]。

　塗装塗替えは腐食環境に応じて適切な時期に実施することが合理的である。しかし，例えば，塗替え対象となる橋の数と予算が釣り合わない場合などで，優先順位を付けなければならないことがある。このような場合には，現場の腐食状況を点検結果や詳細調査結果により確認して，腐食の著しいものから優先して塗替えることが一般に行われている。しかし，腐食環境によっても腐食速度が異なる（**図－Ⅰ.1.1**）点に配慮が必要である。

　前述のとおり，著しい腐食事例の多くは，沿岸部の飛来塩分量の多い地域の橋や，山間部の橋であっても水まわりの処理が悪い部位で見られる。第1章1.2で述べたように，飛来塩分量が多い地域では，わずか3年（暴露1年目でも同様の腐食が見られた）で著しい腐食に至るため，腐食を発見したときには，既に異常さびが発生してしまっていることが多い。こうなると，塗替えの際に大がかりなブラストや養生作業が必要となったり，場合によっては断面欠損部の補修・補強を要する。結果として，腐食への対応はより遅延することになり易い。

　また，塗替え時のさびの除去が十分でない場合，腐食因子である塩化物イオンがさび層と鋼材の界面に濃縮しているため（**図－Ⅰ.1.3**），塗膜の再劣化が速まり，悪循環に陥る。**図－Ⅰ.3.1**に，厳しい腐食環境における塗替えの遅れの影響を，ライフサイクルコストの概念図で示す。従来より高い耐久性を有する塗装系（防食下地のない）を採用した場合，旧塗装系の場合に比べて初期コストが高くなるが，ある程度以上の期間のライフサイクルコストで比較すると，より高い耐久性を有する塗装系を用いた方が経済的である。しかし，厳しい腐食環境においては，新設時からより高い耐久性を有する塗装系を用いていたとしても，塗替え時期を逸して，広範囲にわたる腐食が発生してしまってから塗替えるのでは，さびを完全に落とさない限り短期間で再劣化してしまうので，本来の耐久性は期待できない。

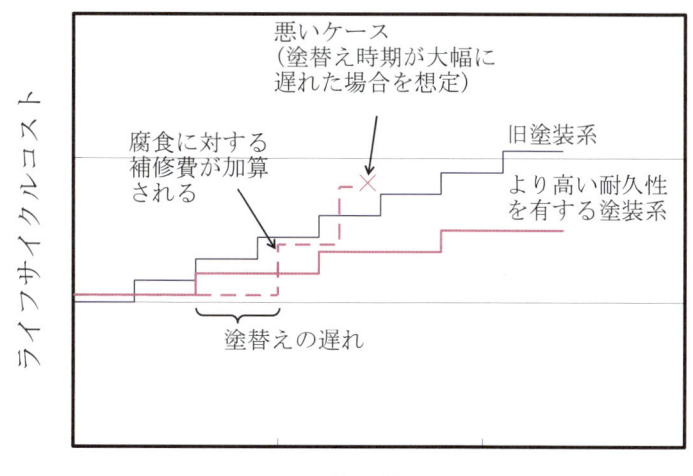

図－Ⅰ.3.1 厳しい腐食環境における塗替えの遅れの影響（概念図）

注）説明を簡単にするため，塗装費と腐食の補修費以外の維持管理費は含まない。

参考として，**写真-I.3.2**に，腐食した鋼材のさびを十分に除去しなかった場合の塗膜の劣化事例を示す。ブラスト処理によりさびを除去した場合，塗膜の早期異常は見られなかったが，さびを十分に除去できなかった暴露試験体は，防食下地がないためわずか1年7ヶ月で塗膜の膨れが多数発生していた。

(a) 腐食鋼材をグリットブラストした場合

(b) 腐食鋼材をグラインダで処理した場合

(c) ブラストした場合（早期変状なし）

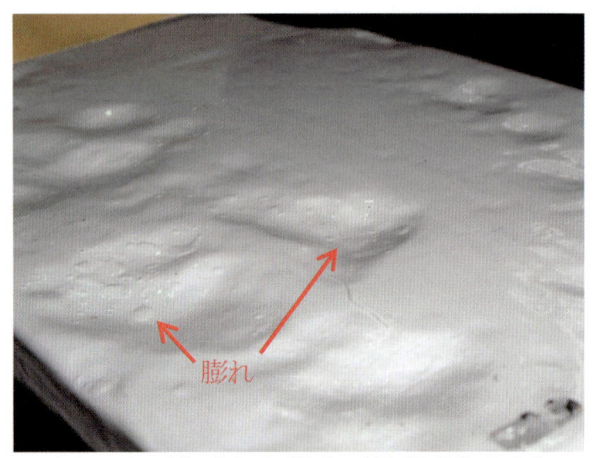

(d) さびを残した場合（早期変状あり）

写真-I.3.2 さびを除去しなかった場合の塗膜の劣化事例[5]

注）いずれも母材部分が腐食鋼材，添接板は新規鋼材，グラインダ処理では深い断面欠損部のさびを十分に除去できなかった。図(c)，(d)は，図(a)，(b)それぞれの供試体にRc-Ⅲ塗装系に準じた塗装（ブラスト方法のみ異なる）を施した後，つくばにて1年7ヶ月暴露した後の写真を示す。

3.3.2 部分塗替え

第1章で述べたとおり，漏水によるけた端の腐食など特定の部位が腐食することが多く見られるため，局部的な劣化部位を重防食塗装で部分塗替えすることにより，全面塗替え時期を延ばすことが一つの対策として考えられる。一方，けた端部の構造によっては，塗装仕様の変更だけでなく，防水や排水を見直すなどして，塩化物を近付けない配慮を行い，腐食環境を改善できる場合もあるので，この点について検討が必要である。既にけた端部に著しい腐食が発生している橋の維持修繕計画策定においても，断面の補修・補強のみならず，腐食環境の改善とその後の防食にかかる負担を合わせて考慮しておく必要がある。

【参考文献】
1) H.H.ユーリック，R.W.レヴィー：腐食反応とその制御（第3版），産業図書，1989.12
2) 建設省土木研究所，(社)鋼材倶楽部，(社)日本橋梁建設協会：耐候性鋼材の橋梁への適用に関する共同研究報告書（XⅡ）－暴露試験片の写真集－，共同研究報告書第35号，1989.12
3) 建設省土木研究所，(社)鋼材倶楽部，(社)日本橋梁建設協会：耐候性鋼材の橋梁への適用に関する共同研究報告書（XⅧ）－全国暴露試験のまとめ（概要編）－，共同研究報告書第86号，1993.3
4) 建設省土木研究所：飛来塩分量全国調査（Ⅳ）－飛来塩分量の分布特性と風の関係－，土木研究所資料第3175号，1993.3
5) 独立行政法人土木研究所：鋼橋桁端部の腐食対策に関する研究，土木研究所資料第4142号，2010.3
6) 国土交通省秋田河川国道事務所提供資料
7) 道路橋補修・補強事例集（2009年版），日本道路協会：2009.10
8) 田中良樹，村越潤：道路橋桁端部における腐食環境の評価と改善方法に関する検討，土木技術資料，pp.16-19，2008.11
9) 渡辺暁央，小保田剛規，河野成弘：凍結防止剤による下部工の塩化物イオンの浸透性に関する考察，コンクリート工学年次論文集，30-1，pp.741-746，2008.7
10) 林田宏ほか：凍結防止剤の塗装橋梁への影響，第31回鉄構塗装技術討論会発表予稿集（(社)日本鋼構造協会），pp.65-70，2008.10
11) 国土交通省土木研究所，秋田河川国道事務所：塩害を受けたPC橋の耐荷力評価に関する研究(Ⅳ)－旧芦川橋の載荷試験－，土木研究所資料第3816号，2001.3
12) 国土交通省道路局国道・防災課：橋梁定期点検要領（案），2004.3
13) (財)海洋架橋・橋梁調査会：道路橋マネジメントの手引き，2004.8
14) 国土交通省国土技術政策総合研究所：橋梁の架替に関する調査結果（Ⅳ），国土技術政策総合研究所資料第444号，2008.4

第Ⅱ編　塗装編

第Ⅱ編　塗装編

目　次

第1章　防食設計及び構造設計上の留意点 ………………………… Ⅱ-1

　1.1　防食設計及び構造設計上の留意点 ………………………… Ⅱ-1
　1.2　重防食塗装系の特長 ………………………………………… Ⅱ-1

第2章　防食施工の留意点 …………………………………………… Ⅱ-3

　2.1　新設塗装の施工 ……………………………………………… Ⅱ-3
　　2.1.1　塗装作業と留意点 ……………………………………… Ⅱ-3
　　2.1.2　現場ブラスト作業 ……………………………………… Ⅱ-5
　　2.1.3　施工における留意点 …………………………………… Ⅱ-6
　2.2　塗替え塗装の施工 …………………………………………… Ⅱ-10
　　2.2.1　塗装作業と留意点 ……………………………………… Ⅱ-10
　　2.2.2　現場ブラスト作業 ……………………………………… Ⅱ-16
　　2.2.3　塗替え塗装の施工における留意事項 ………………… Ⅱ-20
　2.3　品質管理 ……………………………………………………… Ⅱ-20
　　2.3.1　素地調整程度 …………………………………………… Ⅱ-20
　　2.3.2　表面粗度 ………………………………………………… Ⅱ-21

第3章　維持管理の留意点 …………………………………………… Ⅱ-23

　3.1　塗膜劣化の実態 ……………………………………………… Ⅱ-23
　　3.1.1　塗膜劣化 ………………………………………………… Ⅱ-23
　　3.1.2　重防食塗装系の塗膜劣化 ……………………………… Ⅱ-24
　3.2　維持管理の留意点 …………………………………………… Ⅱ-26

付属資料 ……………………………………………………………… Ⅱ-29

　付Ⅱ-1.　新技術 ………………………………………………… Ⅱ-30
　付Ⅱ-2.　塗装系一覧 …………………………………………… Ⅱ-42

第1章　防食設計及び構造設計上の留意点

1.1　防食設計及び構造設計上の留意点

塗装には環境中の種々の腐食因子によって塗膜の劣化が生じるため，周期的に塗替え塗装を行って塗膜の防食機能を維持する必要がある。したがって，塗膜の点検や適切な維持・補修を行わなければならない。具体的には，塗膜の早期劣化をもたらす漏水や滞水が生じないようにする構造細部への配慮とともに，塗膜厚不足が生じないようにする品質管理などが重要である。

なお，構造細部に関する留意点は，便覧第Ⅱ編 第3章 構造設計上の留意点に記述していることから，ここでは省略する。

1.2　重防食塗装系の特長

一般的に塗装系は，下塗り塗料は防せい(錆)性と被塗物への付着性を有し，上塗り塗料は耐候性を保持し，中塗り塗料が下塗り塗料と上塗り塗料の付着性を良好に保つというように，複数の塗料それぞれが機能を有し役割を分担することによって適切な塗膜性能が得られるように構成されている。

便覧ではLCC（ライフサイクルコスト）低減の観点から，飛来塩分，水などの腐食因子を遮断する性能に優れ，厳しい腐食環境下でも長期間の防食性が期待できる防食下地のある重防食塗装系の適用を基本としている。その特長は，防食下地に耐食性に優れる無機ジンクリッチペイントを用い，下塗りには腐食因子の浸透を防ぐエポキシ樹脂塗料を，上塗りには耐候性に優れるふっ素樹脂塗料を用いていることにある（図－Ⅱ.1.1）。

ここで，海岸部における上塗り塗料のふっ素樹脂塗料の耐候性に関する，試験片による暴露試験の結果[1]を図－Ⅱ.1.2に示す。暴露試験は静岡県志太郡大井川町沖合約250mに設置された「海洋技術総合研究施設」において1984年より20年間行われた。その結果，ふっ素樹脂塗料を用いた重防食塗装系は，他の塗装系と比較して長期にわたってさびの発生がなく，他の塗料に対して光沢保持率が高く，さらに白亜化も見られず，耐候性に優れている材料であることがわかる。

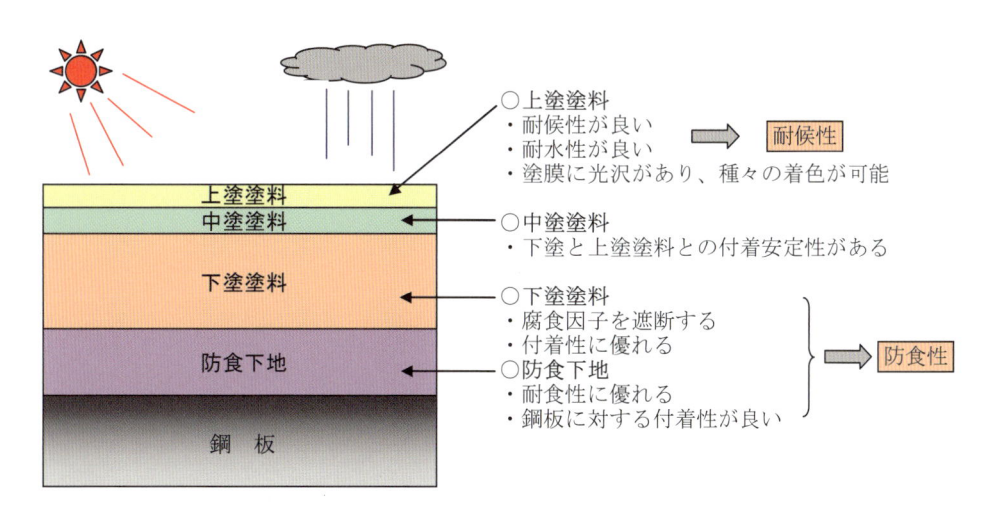

図－Ⅱ.1.1　塗装系の構成

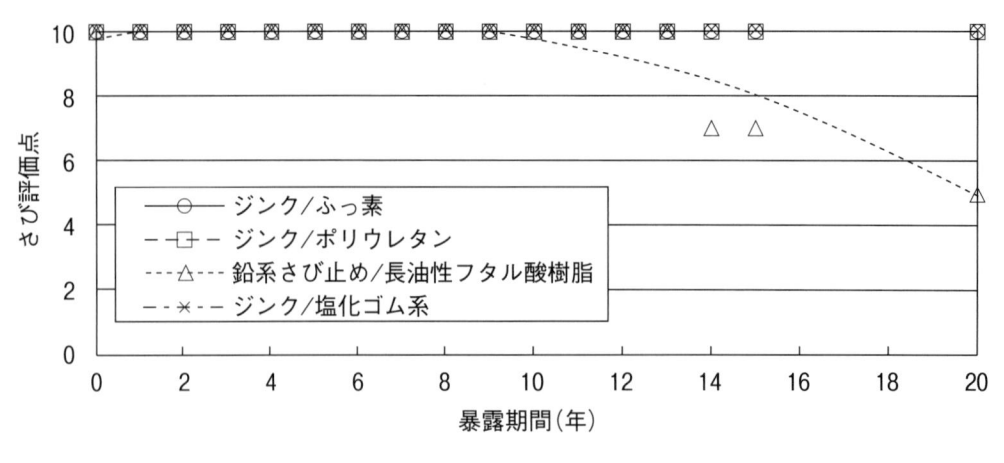

(a) さび発生程度

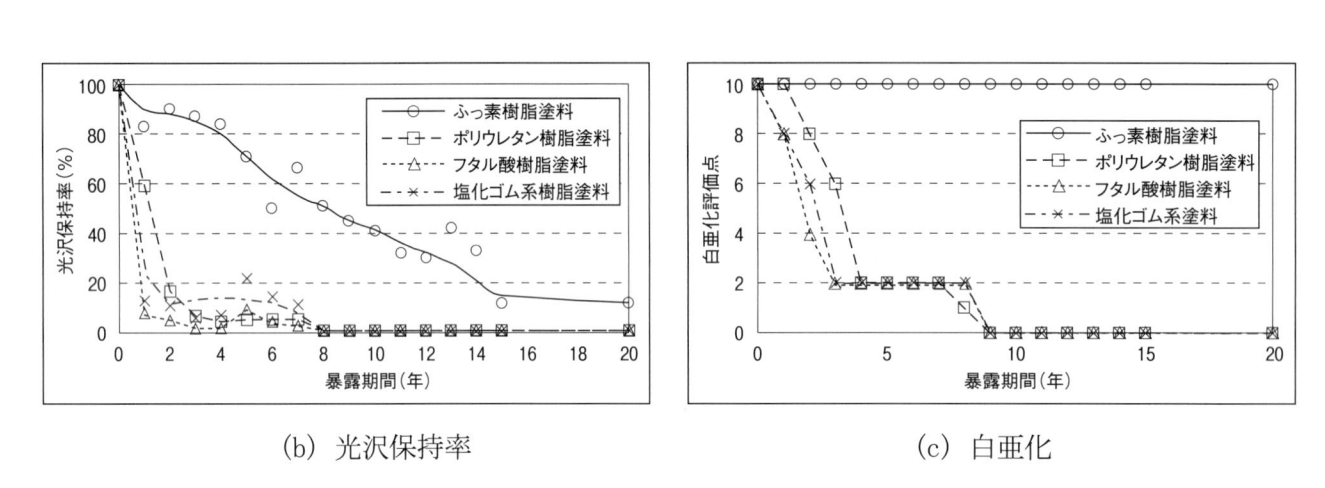

(b) 光沢保持率

(c) 白亜化

図-Ⅱ.1.2 主な塗料の暴露試験結果[1]

第2章 防食施工の留意点

2.1 新設塗装の施工

2.1.1 塗装作業と留意点

図－Ⅱ.2.1に塗装工程の例を示す。便覧では上塗りまで橋梁製作工場で施工することを基本としており，架設現場における塗装作業は連結部の塗装のみである。ただし，部材の輸送や架設時に塗膜が損傷した場合は，その都度補修（タッチアップ）を行うことが必要である。

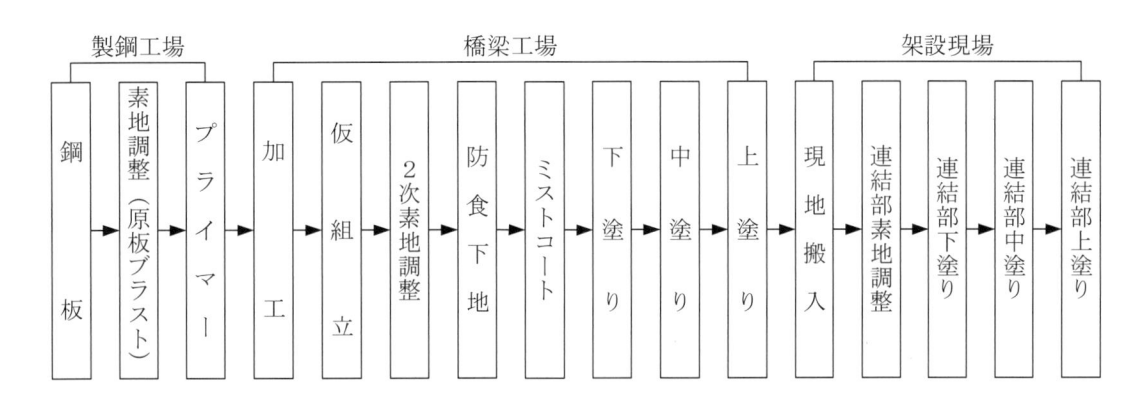

```
製鋼工場 │ 橋梁工場 │ 架設現場
鋼板 → 素地調整（原板ブラスト） → プライマー → 加工 → 仮組立 → 2次素地調整 → 防食下地 → ミストコート → 下塗り → 中塗り → 上塗り → 現地搬入 → 連結部素地調整 → 連結部下塗り → 連結部中塗り → 連結部上塗り
```

図－Ⅱ.2.1 塗装工程の例

(1) 素地調整

写真－Ⅱ.2.1に橋梁製作工場における2次素地調整の施工状況を示す。

C-5塗装系ではブラスト処理を基本としており，その際の工場ブラストの研削材には，除せい（錆）能力に優れ表面粗さが大きくなるグリットを用いることが一般的である。施工計画の立案にあたっては，ブラスト用ノズルと処理鋼材面との距離，研削材噴射圧，噴射角度等がブラスト処理による素地調整の品質に影響するので配慮する必要がある。

A-5塗装系の現場連結部および橋梁製作工事における2次素地調整で動力工具による素地調整を用いる場合は，ディスクサンダとワイヤホイルを併用するのが一般的である。電動工具による素地調整は比較的手軽に行えるが，鋼材表面には微細な凹凸があり，凹んだ所のさびの除去が困難である。すなわち，素地調整は施工品質にばらつきが生じやすいので，十分な品質管理が必要である。

(2) 塗装作業

写真－Ⅱ.2.2に先行塗装の状況を示す。部材の角部（エッジ部）や隅角部は塗膜厚が薄くなりやすいので，はけで先行塗装することが行われている。

写真－Ⅱ.2.3に工場におけるエアレススプレーによる塗装状況を示す。鋼橋の塗装ではエアレススプレーの使用が一般的になっているが，吹付け距離，運行速度，スプレーパターンの塗り重ねを適切に行うとともに，塗料の希釈や吐出圧力等を適切に調整することが大切である。吐出圧力はノズルチップや塗料の種類，膜厚に応じて調整するが，通常，粘度の高い場合や塗膜厚の大きい場合は，吐出圧力を高く，ノズル口径を大きくする。ノズルチップと被塗物の距離は一般には30～40cmが適当であり，近すぎるとパターン幅が狭く均一な塗膜厚が得られず，遠すぎると塗料がダスト状になり塗膜表

面がざらざらになる。スプレーガンの移動速度は塗料の種類や膜厚によって異なるが，標準的に 40～80 cm/秒である。また，塗装ホースが長くなると圧力が落ちてしまい塗料の微粒化不良等が生じやすくなるため，施工計画の立案にあたっては機械能力の設定に注意する。

写真－Ⅱ.2.4 に現場におけるエアレススプレーによる塗装状況を示す。この場合は，塗料の飛散防止に十分注意しなければならない。また，塗装作業員の安全確保のため，換気にも十分な注意が必要である。

箱げた内面連結部の塗装にあたっては，縦リブや補剛材等による狭隘部は施工が難しくなる場合もあるので，事前に施工性について十分な検討が必要である。また，高力ボルト連結部では連結板の部材の角部やボルト，ナットの側面，ネジ部にも均質に塗料を塗付することが望ましいが，これらの箇所の塗膜厚を確保しようとすると部分的に塗付量が過剰となりたれが生じることがある。特に超厚膜形エポキシ樹脂塗料 300μm（目標膜厚）については，はけ・ローラー塗りによる方が均質な塗膜を得やすい場合があるため，事前に塗付方法について検討が必要である。ナットとネジの境界等スプレーで塗り込みが不十分となる個所は，部分的にはけ塗りを併用することが望ましい。

写真－Ⅱ.2.1　橋梁製作工場におけるブラスト

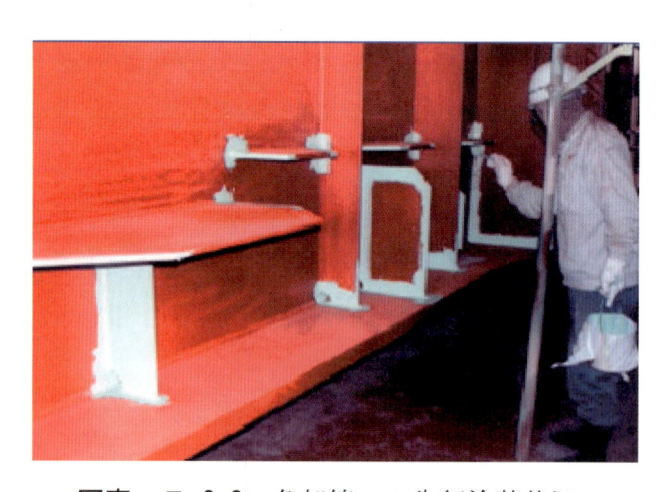

写真－Ⅱ.2.2　角部等への先行塗装状況

写真－Ⅱ.2.3　橋梁製作工場におけるエアレススプレー塗装

写真－Ⅱ.2.4　現場連結部のエアレススプレー塗装

2.1.2 現場ブラスト作業

C-5塗装系は，工場塗装を基本としているが，現場連結部では現場塗装となる。現場溶接部では，さびの発生や塵あい(埃)他の付着があるため，素地調整が塗装の品質を確保する上で重要であり，ブラスト処理を基本としている。

現場溶接部の素地調整は，一箇所当たりの施工面積が小さいこと，粉塵等の飛散や工事中の騒音など周辺への環境に配慮するような場合にはバキュームブラストを採用することもある。

バキュームブラスト（写真－Ⅱ.2.5）は，ノズル管延長が長くなると噴射圧が落ちてしまい，施工効率が低下するため，ブラスト機械の能力の設定に注意が必要である。ブラスト機械により能力は異なるが，大型のものを使用するとノズル管延長の最大は水平で130m程度，鉛直で90m程度であり，ブラスト機械の設置場所や機種の選定には注意が必要である。なお，施工の姿勢についての制約はなく，横向き，上向き，下向きで施工が可能であるが，下向きの場合には研削材等の回収能力が落ちることに留意する。

また，粉塵の飛散防止のため，足場や養生設備を確実なものにする必要があり，現場溶接に使用した風防設備を残置させ使用した例がある（写真－Ⅱ.2.6）。さらに，騒音対策が必要な場合は防音シートなどの養生が必要となる。

箱げた内部でのブラスト作業は，外面での作業に比べ作業性が著しく低下する。これは，写真－Ⅱ.2.7のように縦リブ他が配置されているために，施工範囲が細分化されている等の要因による。狭隘部や溶接部の施工にはノズル先端の小さいもの（写真－Ⅱ.2.8）を使用する等の配慮が必要となるが，縦リブが高力ボルト接合の場合には，ボルト締め付け後にブラスト作業ができなくなる部位が生じる可能性もあり，施工手順について事前に十分な検討が必要である。

また，作業にあたっては，研削材や粉塵の飛散に対する安全対策として保護具の完全着用が必要である。

写真－Ⅱ.2.5　バキュームブラスト装置　　　写真－Ⅱ.2.6　現場連結部の風防設備の転用例

写真−Ⅱ.2.7 縦リブ間のバキューム
ブラスト施工状況

写真−Ⅱ.2.8 溶接部のバキューム
ブラスト施工状況

2.1.3 施工における留意点

C-5塗装系は長期耐久性を期待する仕様であることから，施工は十分な管理の下で行うことが大切である。塗装施工にあたって以下のことに留意する必要がある。

(1) 工場塗装時の塗膜損傷とその対策

全工場塗装の大きなメリットは，塗装の品質管理が十分に行えることにあるが，工場での塗装部材の仮置き時，輸送時さらには架設時の各段階で塗膜損傷を生じないような配慮が必要である。たとえば，塗装部材への土砂等の堆積を防ぐとともに部材下面の通気性を確保するため，仮置き架台を用いる。塗装部材と仮置き架台を固定し，それらの間に**写真−Ⅱ.2.9**に示す緩衝材（シート等）を挟むなどの措置を講じる。なお，架台接触部の圧力が高い場合や仮置きが長期に及ぶ場合などでは，接触部の塗膜損傷に注意し，架設前に点検を行い適切な補修を行う必要がある。

高力ボルト連結部では，母材と連結板との摩擦係数を確保するために無機ジンクリッチペイントのみを塗付するのが一般的である。このように，同じ塗装面で異なる塗装仕様となる場合には，**写真−Ⅱ.2.10**に示すように，テープ等を用いてマスキングを行う。その際に，マスキングに使用したテープの粘着剤が付着したまま残る場合や，塗膜のはく離が生じることがあるので注意する。

写真−Ⅱ.2.9 塗装部材の仮置き架台への
固定と接触面の処置

写真−Ⅱ.2.10 高力ボルト連結部の
マスキング

(2) 塗膜のバブル，ピンホールとその対策

　C-5 塗装系は各層を全てスプレー塗装することを基本としており，厚膜形エポキシ樹脂塗料下塗，中塗および上塗を塗装した場合に**写真－Ⅱ.2.11**，**写真－Ⅱ.2.12**に示すようなバブルやピンホールを生じることがあり，耐久性や美観を損ねる可能性があるため注意が必要である。

　このバブルやピンホールは無機ジンクリッチペイント塗膜中の空孔（ボイド）を次工程のミストコートやエポキシ樹脂塗料下塗の塗料によって埋めることができないために生じる欠陥であり，無機ジンクリッチペイントがダスト気味（空気を多量に含んで塗料微粒子が積層された状態）であったり，過剰な膜厚，ミストコート不足の場合に発生することがある。

　この対策としては，塗料メーカーの専用シンナーを用いること，無機ジンクリッチペイントを過剰膜厚にしないこと，ミストコートを適正量塗装すること，塗装間隔を守って厚膜形エポキシ樹脂塗料下塗を塗装することなどに留意するとよい。

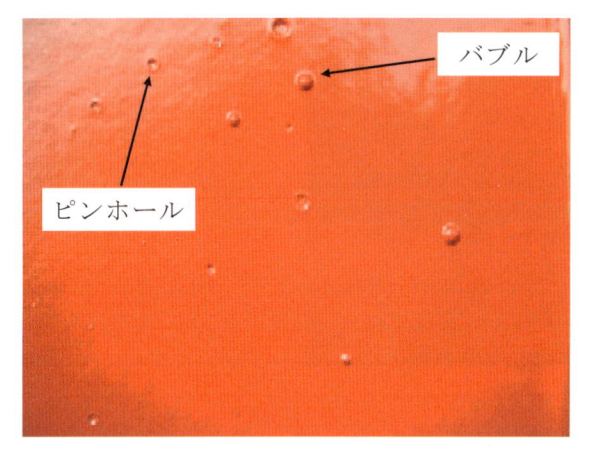

　　写真－Ⅱ.2.11　バブルとピンホールの状況 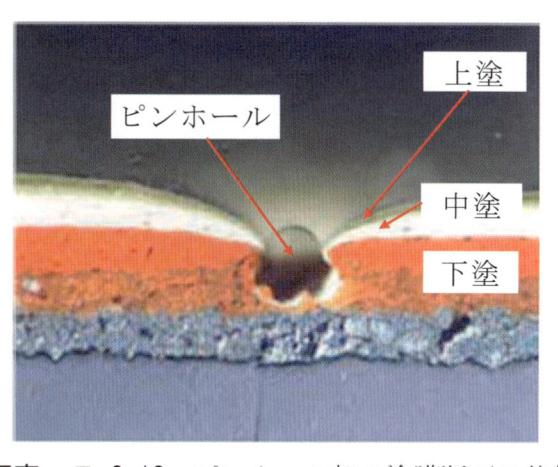　　　　　写真－Ⅱ.2.12　ピンホール部の塗膜断面の状態

(3) 高力ボルト連結部

　高力ボルト連結部は，凹凸があるために角部や側面の塗膜厚の確保が難しい。そのため，ボルト頭やナットの塗膜厚を確保するために，連結板の平面部はかえって過剰な膜厚となってしまう場合がある。その場合には**写真－Ⅱ.2.13**，**写真－Ⅱ.2.14**に示すような，塗膜の収縮に伴う塗膜割れが生じることがあるため，過剰な厚塗りは避けることが望ましい。また，塗装時にたれが懸念される場合には，たとえば1回の塗布量を減らして塗り回数を増すなどにより適切な塗膜厚となるよう施工を行うことが必要である。

　　写真－Ⅱ.2.13　高力ボルト部の塗膜割れ(1) 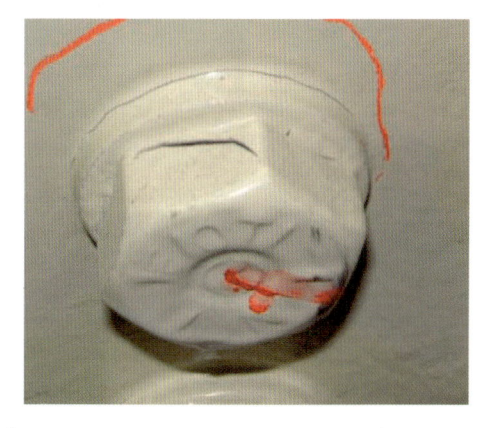　　　　写真－Ⅱ.2.14　高力ボルト部の塗膜割れ(2)

(4) スプレー塗装とはけ塗りの塗り継ぎ部の仕上がり

工場でスプレー塗装した箇所と現場塗装をはけ塗りした箇所の塗り継ぎ部の仕上がり（平滑さ，つや等）が，**写真－Ⅱ.2.15** に示すように異なることがある。このような塗り継ぎ部は，現場における連結部や工場塗装した部材に輸送，架設時に生じた塗膜の損傷部を現場においてはけで補修塗装した場合に生じる。工場塗装部分と現場塗装部分の塗り継ぎ部は，仮に同じ製造ロットの塗料を用いて塗装してもスプレー塗装の塗膜とはけ塗りの塗膜ではある程度の仕上がりの違いは避けられない。なお，外観上の差異はあるが，耐久性上の問題はない。

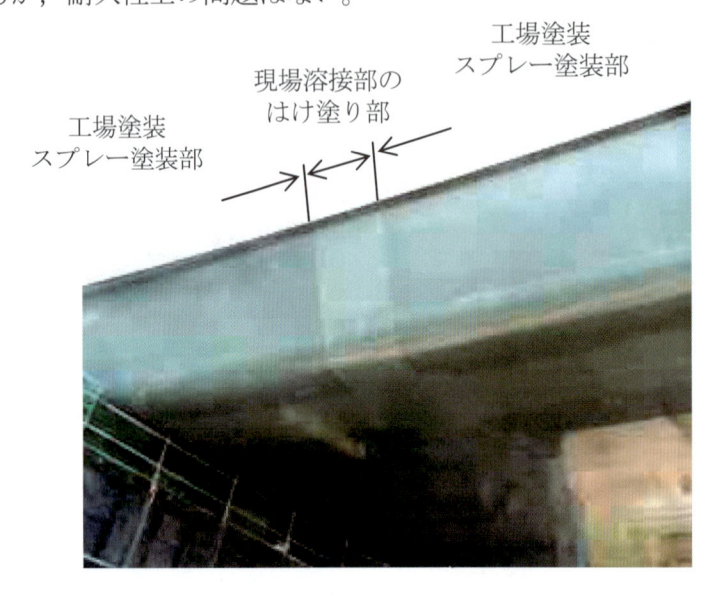

写真－Ⅱ.2.15 工場塗装（スプレー塗装部）と現場溶接部の
はけ塗り部の仕上がりの違い

(5) 現場連結部の塗装作業

現場連結部の塗装作業は，はけ塗りやローラー塗りで行われることが多い。これは，連結部はボルトの凹凸があること，塗装面積が小さいこと，さらに簡易な養生で塗装が可能なこと等によるものであるが，ローラー塗りのみで凹凸がある連結部を仕上げると，**写真－Ⅱ.2.16** のようにたれを生じる場合がある。また，たれ部は**写真－Ⅱ.2.16** のように塗膜の色が不均一な色浮きとなり美観上で問題となることがある。このような美観上の問題を回避するために，連結部の塗装に際してはたれを生じないように心がけるとともに，はけ塗りも併用するとよい。

写真－Ⅱ.2.16 現場連結部の色浮きとたれ

(6) 塗装時の気象条件と使用塗料

　各塗料は塗装時の気象条件に対する適性（塗装禁止条件）が便覧に定められており，その条件を守って塗装することが塗膜品質，耐久性を確保する上で大切である。特に塗装中や乾燥期間が低温下（10℃以下）になる場合には低温用塗料を採用することが有効であるが，低温用がない塗料については，低温下での塗装を避けるように塗装作業の工程を調整する。塗装後に低温となり塗膜の乾燥に時間を要する場合は，次工程の塗装との塗装間隔を長くするなどの対応が塗膜品質を確保する上で大切である。

(7) その他

　現場において，架設に用いた吊金具等を撤去する際に部材を溶断する場合には，撤去部材周辺および鋼板裏面の塗膜を傷つけることとなる。また，鋼床版においてグースアスファルトを舗設する際の熱影響によって，鋼床版裏面の塗膜が損傷する場合がある。**写真－Ⅱ.2.17**に熱影響による鋼床版裏面の塗膜の損傷事例を示す。

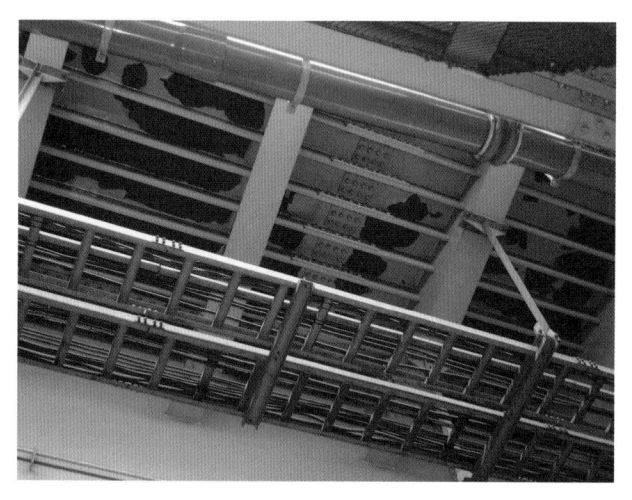

写真－Ⅱ.2.17　鋼床版裏面の塗膜の損傷事例
（グースアスファルトの熱影響）

　塗装部材の仮置きが長期間になる場合は，部材への海塩粒子・塵あい(埃)の付着や部材内部への浸入に対する配慮が必要となる。仮置き場所の選定のほか，現場に輸送する前または後に付着塩分量を確認し，付着塩分量が50 mg/m²以上の場合には水洗いを行うなどの方法がある。また，塗装部材を海上輸送する場合や鋼製橋脚架設時に部材端が上方に解放される場合などにおいては，海塩粒子，雨水等の浸入を防止するために部材端をシート等で覆うことが望ましい。

2.2 塗替え塗装の施工

2.2.1 塗装作業と留意点

図-Ⅱ.2.2に塗替え塗装の作業工程の例を示す。

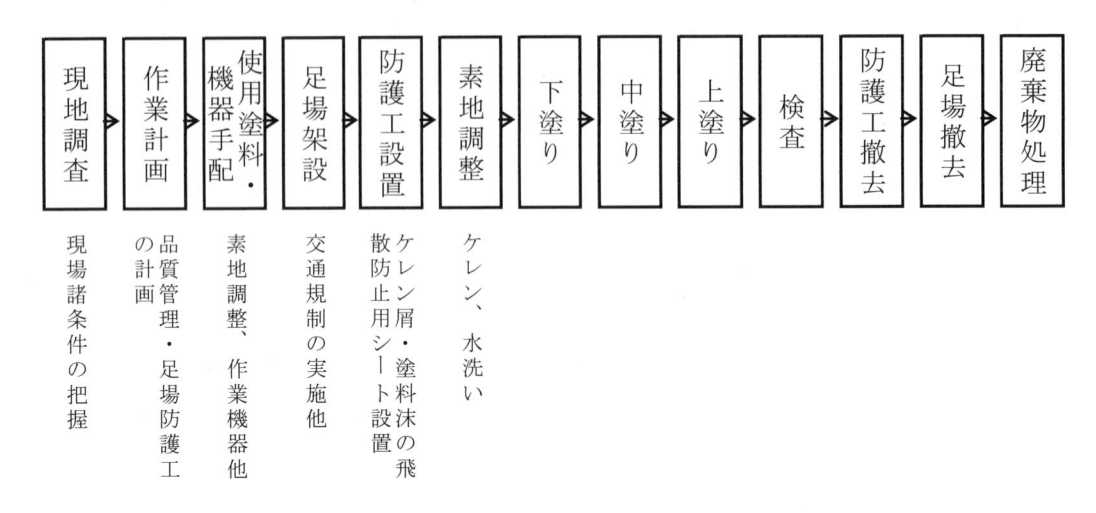

現地調査	作業計画	使用塗料・機器手配	足場架設	防護工設置	素地調整	下塗り	中塗り	上塗り	検査	防護工撤去	足場撤去	廃棄物処理
現場諸条件の把握	の品質管理・足場防護工の計画	素地調整、作業機器他	交通規制の実施他	ケレン屑・塗料沫の飛散防止用シート設置	ケレン、水洗い							

図-Ⅱ.2.2 塗替え塗装の作業工程の例

これまでの鋼橋の塗り替えでは，いわゆるa塗装系（鉛系さび止めペイント～長油性フタル酸樹脂系中・上塗り）の塗装系が一般に採用されてきた。このa塗装系は比較的安定した下地（旧塗膜）への適性と塗装の作業性を有しており，一般環境条件では標準的仕様として多くの実績がある。

また，便覧においても，「現在塗装されている旧塗膜のA，a塗装系が十分な塗膜寿命を有しており，適切な塗膜の維持管理体制がある場合や橋の残存寿命が20年程度の場合には，素地調整程度3種を行い，鉛・クロムフリーさび止めペイントに替えた仕様（Ra-Ⅲ）を適用してもよい」としてa塗装系の適用を必ずしも否定していない。

しかしながら，昨今の塗装に係るLCCの低減を目的に塗装の長期耐久性の確保の要求や，塗料原料として使用されている鉛・クロム系顔料の有害性への懸念などから，c塗装系（エポキシ樹脂系下塗り～ふっ素樹脂系中・上塗り）の適用が求められている。これらc塗装系をA，a塗装系など従来の旧塗膜の上へ適用する塗り替え工事は可能であるが，環境中に鉛・クロムなどの有害性金属をそのまま残留させることになる点や，a塗装系の上により塗膜強度の大きいc塗装系を塗り重ねることは塗膜に期待する耐久性への信頼の面から採用にあたっては十分に検討する必要がある。

以上のことから，c塗装系を塗り替えに適用する場合には，a塗装系の旧塗膜を全面的に除去することが長期の安定した防食性能を確保する上でより望ましい。そのため，便覧では素地調整程度1種（ブラスト処理）による旧塗膜の除去が求められ，さらに，環境への負荷の低減を目指した弱溶剤型の塗料が適用された。

(1) 素地調整の重要性

便覧では，現場における塗替え塗装において，素地調整としてブラスト処理（素地調整程度1種）を基本としている。

塗り替え塗膜の防食性能には，素地調整の品質が大きく影響する。鋼材の腐食は，その表面に局在する陽極（アノード）から陰極（カソード）に腐食電流が流れることによって進行するという電気化学的なメカニズム[2),3)]が広く知られている。この腐食を防止するためには，鋼材の表面をできるだけ

清浄にして陽極や陰極の発生を極力抑え，均一な状態に保つことが重要となる。

防食塗装にあたって鋼材表面の清浄度が十分でないまま塗装された場合，いかに強靭で遮蔽効果に優れた塗装系を適用しても，鋼材表面に生じる腐食電流を効果的に抑制ができない上，鋼材素地面への十分な付着性の確保もできないこととなり，期待する防食効果を得ることができない。この素地調整の品質が，塗膜の防食性能に大きく影響することがいくつかの報文で報告されている[4)～8)]。これらの報告では，素地調整の良し悪しが塗膜の防食性能に及ぼす影響として50～70％程度を占めることとしており，素地調整の良し悪しが塗膜の防食性能に大きく影響することを示している。

さらに，塗膜の防食性能に及ぼす素地調整の程度については，対象とする塗装系によって差があることが報告されている[4),5)]。図－Ⅱ.2.3は建設省土木研究所が阿字ヶ浦漂砂観測桟橋で行った塗膜劣化に関する素地調整程度と塗装系による違いについて示したものである。また，**表－Ⅱ.2.1**は関西鋼構造物塗装研究会が塗装系と素地調整が防食性に及ぼす影響について示したものである。便覧で標準塗装仕様とされているエポキシ樹脂～ふっ素樹脂（C塗装系）では素地調整の影響が特に大きく，耐久性の高い塗装系ほどグレードの高い素地調整が必要とされている。

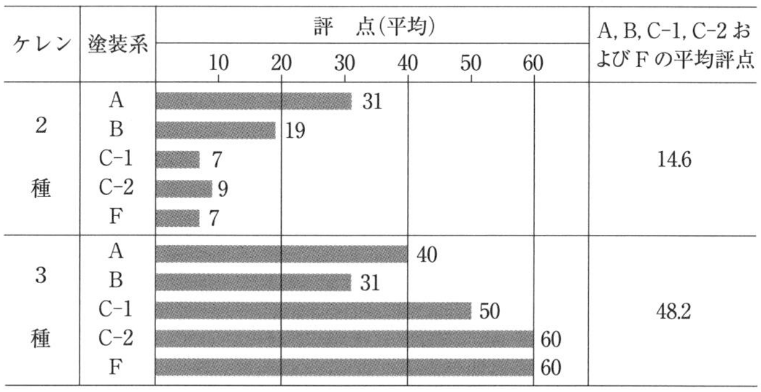

ケレン	塗装系	評点（平均）	A, B, C-1, C-2およびFの平均評点
2種	A	31	14.6
	B	19	
	C-1	7	
	C-2	9	
	F	7	
3種	A	40	48.2
	B	31	
	C-1	50	
	C-2	60	
	F	60	

注）さび・ふくれの評点であり，数値が小さいほど良好なことを表す

図－Ⅱ.2.3 塗装系と素地調整が防食性に及ぼす影響[4)]

表－Ⅱ.2.1 塗装系と素地調整が防食性に及ぼす影響[5)]

要因	寄与率（％）
素地調整 （素地調整1種と2種の差）	49.5
塗装回数 （1回塗りと2回塗りの差）	19.1
塗料の種類 （塗装系の違い）	4.9
その他 （塗装技術、気候など）	26.5

(2) 素地調整の作業手順

図-Ⅱ.2.4にブラスト処理による素地調整の作業手順の例を示す。

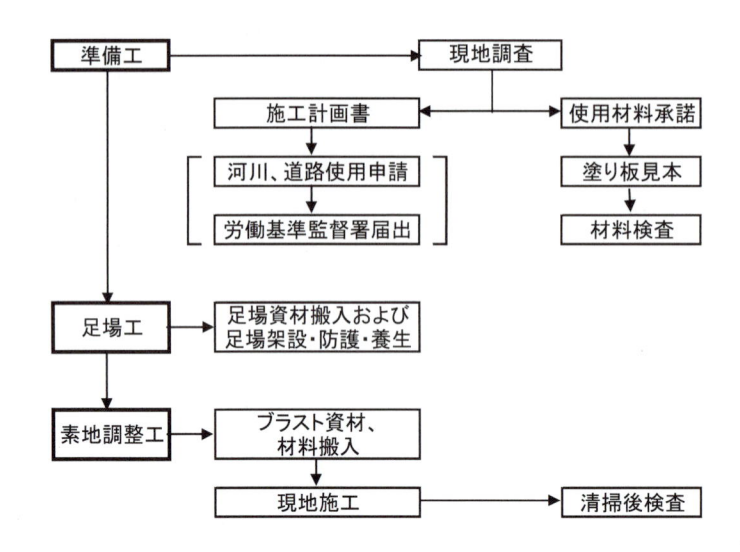

図-Ⅱ.2.4 ブラスト処理による素地調整の作業手順の例

施工計画の策定にあたって以下の点に留意する。
1) 事前に現地調査を行い,適切な施工計画を立案し,各種書類の提出,申請などを行う。
2) 現地調査では,旧塗膜の状態やこれまでの塗装履歴などを調査して,ブラスト処理作業に要する工数を予測しておく。これは,既往の補修塗装によって,塗膜が塗り重ねられている場合があり,その際に,塗膜の除去の作業性に影響を及ぼす可能性があるためである。
3) 昭和47年以前の塩化ゴム系塗料が使用されている場合は,その塗膜の分析を行い,有害なPCB(ポリ塩化ビフェニル)の有無や含有量を予め確認しておくとともに,素地調整時に十分配慮した上で,特別管理産業廃棄物として適正に廃棄物処理を行う。
4) 足場工は使用する研削材の重量や風荷重などに対して必要とされる安全性を有し,また粉塵の飛散および騒音発生などの周辺環境を考慮した構造を採用する。必要に応じ,防音シートの採用やシートの二重張りなどを使用することを検討する(**図-Ⅱ.2.5,写真-Ⅱ.2.18～写真-Ⅱ.2.20**)。
5) 研削材の選定にあたっては,粉塵の発生程度や回収方法ならびにそれらの廃棄,処理について十分に配慮する。

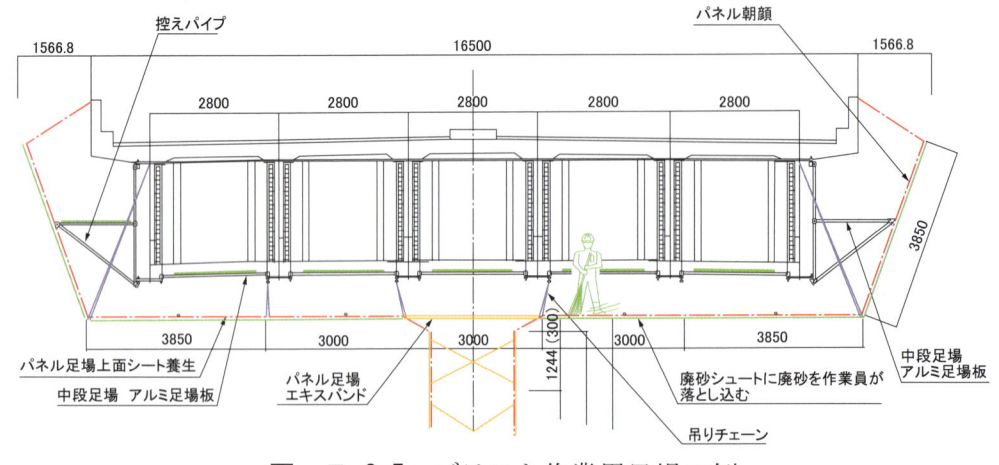

図-Ⅱ.2.5 ブラスト作業用足場の例

(a) 全体図　　　　　　　　　　　　　　　(b) 板張り養生
写真−Ⅱ.2.18　ブラスト作業養生の例(1)（Ｉげた橋）

(a) けた端部部分ブラスト用(1)　　　　　　(b) けた端部部分ブラスト用(2)
写真−Ⅱ.2.19　ブラスト作業養生の例(2)（Ｉげた橋）

(a) 下部全面ブラスト用　　　　　　　　　(b) 斜材部分ブラスト用
写真−Ⅱ.2.20　ブラスト作業養生の例(3)（トラス橋）

(3) 素地調整の種類と特徴

表-Ⅱ.2.2にブラスト処理方法の種類とその特徴を示す。

塗替え塗装における素地調整程度1種の各種ブラスト処理方法は，機能面からの特徴などを十分に考慮し，現場条件に適した方法を選定する。さらに，産業廃棄物処理費用を含めた経済性を検討する必要がある。

表-Ⅱ.2.2　ブラスト処理方法の種類 [9), 10)]

分類	種類		適用場所	用途	特徴など
乾式	エアーブラスト	加圧式	工場	新設橋梁	・あらゆる形状の被処理物に対するいろいろな場所での適応が可能 ・各種のさびの表面を高度の除錆度にまで仕上げることが可能 ・集塵装置が設備され粉塵対策が不要
			現場	塗替え 塗膜の剥離作業	・あらゆる形状の被処理物に対するいろいろな場所での適応が可能 ・各種のさびの表面を高度の除錆度にまで仕上げることが可能 ・汚染物質の完全な除去が必要な場合は，事前に表面の洗浄が必要 ・粉塵抑制対策が必要
		吸引式	現場	微小部分の塗替え 塗膜の剥離作業	
	遠心式ブラスト		現場	鋼床版など平坦部	・比較的単純な形状の面からなる被処理物の連続処理に適合 ・各種のさびの表面を高度の除錆度にまで仕上げることが可能 ・研削材の自動回収，粉塵回収装置を内蔵 ・隅部，角部への適用は困難
	スポンジブラスト		現場	塗替え 塗膜の剥離作業	・あらゆる形状の被処理物に対するいろいろな場所での適応が可能 ・各種のさびの表面を高度の除錆度にまで仕上げることが可能 ・研削材が特殊で高価なため，回収して再使用する ・他の工法に比べて騒音レベルが高く，防音・遮音に留意が必要
	バキュームブラスト		現場	水平，垂直などの平坦部	・粉じんの発生がきびしく制限され，かつ，被処理物を部分的に処理すればよい場合に適用可能 ・研削材の自動回収，粉塵回収装置を内蔵 ・隅部，角部への適用は困難
湿式	モイスチュアブラスト		現場		・研削材と水を混合させた状態でブラストする工法で粉塵発生ほとんどない ・インヒビター（防錆材）が必要な場合がある ・使用水量は少なく，廃水処理が不要 ・作業効率がやや劣る
	ウォータージェットブラスト		現場	塗替え 塗膜の剥離作業	・あらゆる形状の被処理物に対して，水が存在してはいけないところ以外のいろいろな場所での適用が可能 ・さびの少ない鋼材の表面を，高度の除錆度にまで仕上げることが可能 ・ブラスト処理前に既に腐食が進んでいる鋼材の場合，そのさびを完全に除去することは困難 ・粉塵発生ほとんどない ・インヒビターが必要な場合がある ・水量・研削材使用量は少量，高圧水を使用，廃水処理が必要
	湿式エアーブラスト （ウォーターサンドブラスト）		現場		・基本的にはウォータージェットブラストと同じ ・研削材を使用
	スラリーブラスト		現場		・湿式エアーブラストに比べて，研削材の使用量は少量 ・面あらさの小さい，きめ細かな表面を作る場合に適合

1) 処理効率

一般的な条件下ではエアーブラストの処理効率が優れ，現場での素地調整に広く利用されている。遠心式ブラストは処理効率に優れるが，構造適用性や使用する研削材などの関係から現場適用には検討が必要である。水を用いる湿式ブラストの処理効率は悪くないが，被処理面周辺の乾燥処理やブラスト直後の発せい（錆）を抑制することなどを工程上考慮する必要がある。また，ウォータージェットブラストでは研削材を入れないのが一般的であり，その場合，塗膜や浮きさびは除去できるが，表面粗さは既存の状態程度となることに留意する必要がある。バキュームブラストは，研削材を回収する構造の吐出口のため処理効率は他の方法に比べ多少劣る。

なお，いずれの場合も，処理効率は被処理面の構造，研削材の種類や吐出力などに影響されることから，計画段階でそれらの内容について確認するとよい。

2) 構造適用性

遠心式ブラストおよびバキュームブラスト以外の方法では構造適用性の差違はほとんどない。遠心式ブラストは，比較的構造が単純な面に利用され，現場では鋼床版上面など平坦部に用いられる。バキュームブラストでは，フランジや補剛材の端部および付属物設置箇所などに処理残しが生じやすくなるため，吐出口に**写真－Ⅱ.2.21**に示すようなアタッチメントを用いる場合がある。ウォータージェットブラストは，被処理面から外れた部分の高圧の水流に対する安全や水処理などに留意が必要である。

写真－Ⅱ.2.21 バキュームブラスト用アタッチメントの例

3) 粉塵，工事中の騒音

ブラスト処理方法の課題のひとつとして粉塵，工事中の騒音があげられ，工事前に沿線住民への周知などを図る必要がある。エアーブラストを用いる場合は，粉塵，工事中の騒音対策として防音シートなどの設備を設置するが，それでも十分でないと判断される場合には他の方法を検討するとよい。その場合，例えばバキュームブラストを使用し，狭隘な部分などの処理残し箇所などをエアーブラストやスポンジブラストなどの方法を組み合わせたり，塗膜はく離剤や動力工具である程度の塗膜除去を行った後の仕上げにエアーブラストを使用するなど，各ブラスト処理方法の特徴を考え，処理効率に配慮した組み合わせを検討するとよい。なお，粉塵，工事中の騒音は方法のみならず研削材の種類や吐出圧なども影響するため，必要に応じそれらの影響も事前に確認するとよい。

4) 産業廃棄物処理など

塗膜粉塵は産業廃棄物として処理する必要があり，エアーブラストは研削材も産業廃棄物となるので処分費用が大きくなる。一方，湿式ブラストは廃水処理として塗膜残渣と水を分離して排水基準に適合するように処理する必要がある。

表－Ⅱ.2.3に研削材の種類とその特徴を示す。従来，サンドブラストで使用されてきたけい砂は，JIS規格からも除外（2007年4月1日）されており，人体への塵肺の影響を考え，最近は研削材として使用されていない。

表-Ⅱ.2.3 研削材の種類（例）[9]

種類		内容	備考
非金属系	けい砂	けい酸分 90%以上の岩石を破砕した粒子または天然けい砂からなるグリット状の研削材	2007 年 JIS 規格から除外
	オリビンサンド	天然のオリビン鉱石を破砕したグリット状の研削材	
	溶融アルミナ	溶融したボーキサイトまたは高純度アルミナを冷却した後粉砕し，グリット状とした研削材。ボーキサイトから製造したものをレギュラー褐色アルミナ，高純度のアルミナから製造したものを高純度アルミナという	レギュラー褐色アルミナの成分 アルミナ分 94〜97wt% 高純度アルミナの成分 アルミナ分 99wt%
	銅スラグ	酸化鉄・けい酸系である銅製練時のスラグを水砕したグリット状の研削材	
	ニッケルスラグ	酸化鉄・けい酸系であるニッケル製練時のスラグを水砕したグリット状の研削材	
	フェロニッケルスラグ	けい酸・マグネシア・酸化鉄系であるフェロニッケル製練時のスラグを水砕または風砕したグリット状の研削材	
	フェロクロムスラグ	マグネシア・アルミナ・けい酸系であるフェロクロム製練時のスラグを空気中で粒化したショット状の研削材	
	製鉄スラグ	石灰・けい酸系である製鉄時のスラグを水砕したグリット状の研削材	
	製鋼スラグ	石灰・酸化鉄系である製鋼時のスラグを空気中で粒化したショット状の研削材	
	石炭灰スラグ	アルミナ・けい酸系である石炭だきボイラの燃焼灰を水砕したグリット状の研削材	
その他	ガーネット	けい砂に比べて硬くて割れにくく粉塵発生量が少なく，良好な粗さが得られる。インド，スリランカの南東海岸近くで層状に堆積したもの。品質に不安定なものがあり，塩分を含んでいるものがあるので注意が必要。	
	スタウロライト	天然のスタウロライト〈おおよそ $FeAl_5SiO_{12}OH$〉からなるショット状のブラスト処理用研削材。和名：十字石	

2.2.2 現場ブラスト作業

(1) 足場，防護工計画時の留意点

現場ブラスト作業における足場，防護工の計画にあたっては下記に示す事項について留意する必要がある。

写真-Ⅱ.2.22 に足場の全景と内部の状況，**写真-Ⅱ.2.23** にブラスト機材（ブラスト機，コンプレッサー），**図-Ⅱ.2.6** にブラスト機材の配置事例を示す。これは河川に架かる橋梁におけるブラスト機材の配置にあたり，けた下には河川敷がないこと，幅員が狭いために橋面が機材等の設置場所として利用できないことから，橋脚部に仮設のデッキを設けてブラスト作業用の機材他を設置している事例である。

1) 機材重量，積載荷重

現場ブラスト作業において，ブラスト機材や研削材を足場上に載荷する場合には，予めそれらの重量を見込んで計画する必要がある。なお，使用した研削材の堆積量については常に留意し，早めの清掃，除去に心掛けて，重量負担の軽減に努める必要がある。

2) 防護設備

研削材や除去塗膜などの粉塵の飛散防止や騒音対策のために，気密性の高い防護用の設備が必要

となる。その際，足場の密閉度が高くなるので塗装時の換気のための換気装置が必要となり，また，塗膜粉塵や研削材を排除するための集塵機の設置も必要となる。

ⅰ) 足場（全面板張り）の下面及び側面全体に養生シート（二重張りにして1枚目と2枚目のシートのつなぎ目は重ならないようにつなぎ合わせる）を敷き詰め，側面は板張り，布シート，プラスチックシートなどを併用してすき間をなくす。

ⅱ) 施工区間の両端を合板等で間仕切りを行い，その合せ目（板のすき間やチェーンとのすき間）をガムテープで貼り付けて養生シートにて床版及び外面壁高欄との隙間を遮断する。

ⅲ) 騒音対策などに特に配慮する場合には，防音マットの張り付けほかの防護を考慮する。

ⅳ) 防護設備内の作業空間はほとんど密閉された状態となるが，作業の安全性や効率性を確保するために十分な照明が必要となる。このため，照明用設備の設置や採光用窓の配置などに留意する。

3) 作業空間等の制約条件

ブラスト作業では作業用空間の確保等から防護設備が大掛かりとなる場合があるため，けた下空間の確保が必要となる。

ⅰ) ブラスト作業では足場や防護工の架設が大掛かりとなるが，跨線・跨道橋や横断歩道橋等では路面からのクリアランスを十分に取れないなどのために，ブラスト作業用の足場の設置が困難となる場合がある。よって，これらの塗り替え工事を計画する場合には，ブラストの採用の可否を事前に検討する必要がある。

ⅱ) ブラストの採用にあたっては，足場や防護工などの架設，道路規制や工事管理上ほかの技術的課題について事前の対策を立てておく。

ⅲ) 足場や防護工などの架設，騒音対策，道路規制や工事管理上の技術的課題への対応が難しい場合には，別の工法や塗装仕様の変更について検討するとよい。

(a) 外面全景　　　　　　　　　　　　　(b) 内部

写真－Ⅱ.2.22　足場防護工の事例（都市内高架橋）

| | (a) ブラスト機 | | (b) コンプレッサー |

写真－Ⅱ.2.23 ブラスト機材

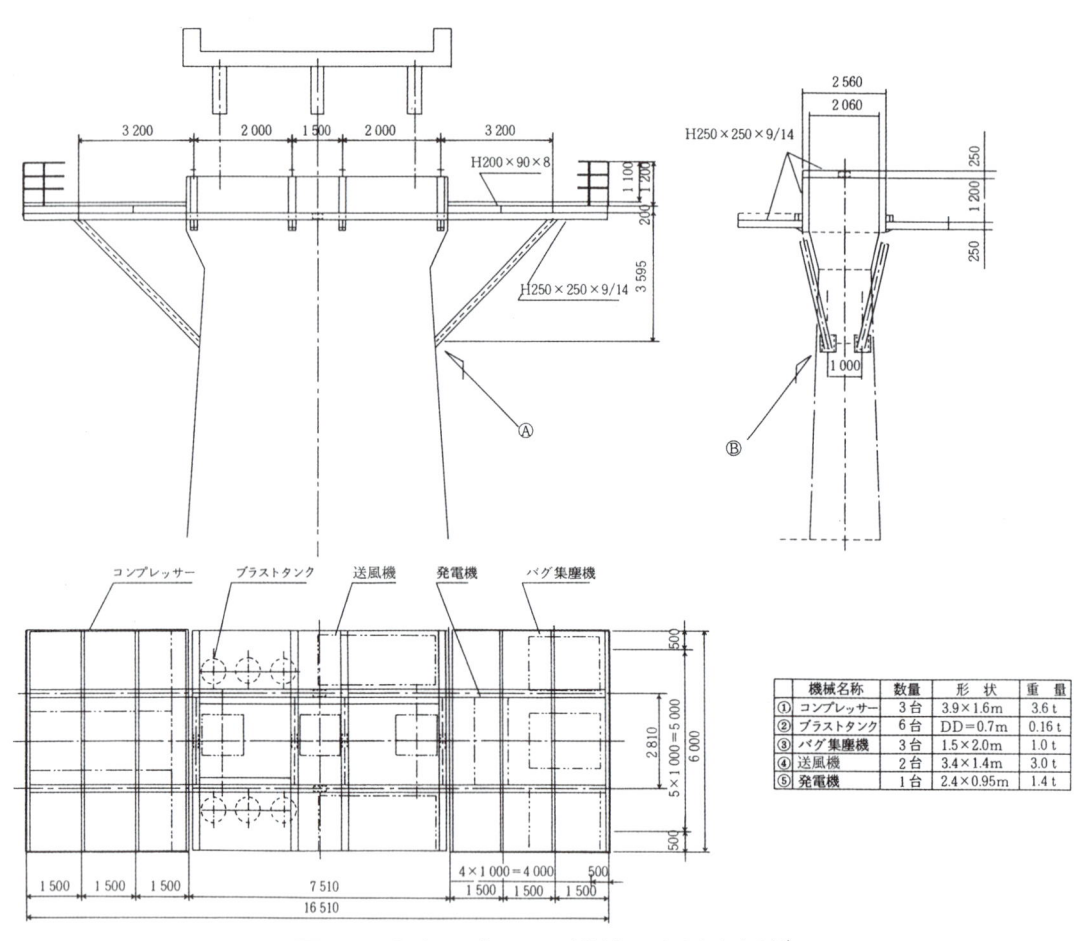

図－Ⅱ.2.6 ブラスト機材の配置事例[11]

(2) ブラスト作業の注意点

ブラスト作業（**写真－Ⅱ.2.24**）にあたっては，予め次のような点に注意しておく必要がある。

1) ブラスト作業は予め設定した作業時間帯を厳守し，騒音の近隣への影響が最小限となるよう配慮する。
2) 人家や学校，病院が近接しているなど，特に騒音対策が必要となる場合には，防音マット取り付

けなどの対策について予め検討しておく。
3) ブラスト処理後の鋼材表面にはさびが再発生しやすいので，表面の乾燥を保つため必要に応じドライヤーや送風機などを利用する。
4) 作業中は研削材の飛散や粉塵の発生があり，ブラスト面の状態を目視で確認しづらいため，打ち残しなどが出やすい傾向がある。このため，作業の姿勢，ブラストノズルの角度や照明の配置方法などを事前によく検討しておく。
5) ブラスト機，コンプレッサー，エアードライヤーなどの機材の設置にあたっては作業の安全の確保と車両の交通規制や周辺環境への影響が出ないように配慮する。なお，日作業の計画や工事施工計画を作成するときのブラスト機1台あたりの施工量は，これまでの実績等から60㎡/日を目安にするとよい。ただし，補剛材やガセットがあるけた内側や添接部などブラスト面が複雑な箇所や塗膜厚が厚い場合には，施工量が半分程度に低下することがあるので留意する必要がある。
6) ブラスト作業終了後（**写真－Ⅱ.2.25**），有機ジンクリッチペイントは4時間以内に塗装しなければならない。よって，立会い検査等を計画的に実施する配慮が必要となる。

(a) 主げた外面　　　　　　　　　　　(b) 主げた内面
写真－Ⅱ.2.24　ブラスト作業状況

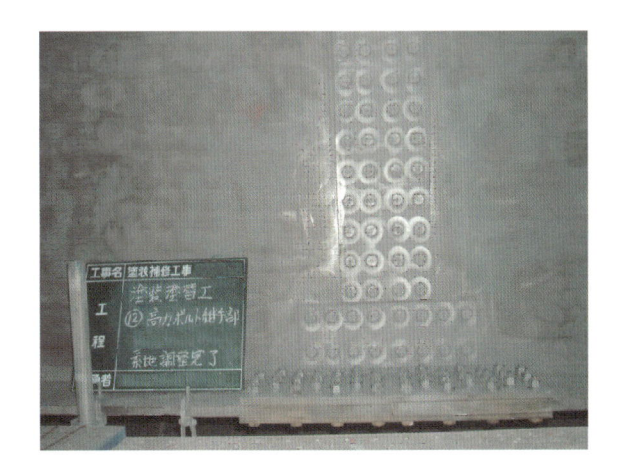

(a) 全景　　　　　　　　　　　　　　(b) 高力ボルト部
写真－Ⅱ.2.25　ブラスト完了状況

2.2.3 塗替え塗装の施工における留意事項

(1) ブラスト作業と塗替え塗装までの作業間隔への対応

　ブラスト作業終了後の4時間以内に有機ジンクリッチペイントを塗装しなければならないが，スプレー塗装で塗料や塗装機器の準備，配置などの段取り替えに時間を要する場合には作業効率が著しく低下する。また，塗装施工と隣接した部位のブラスト作業を継続すると，塗装面に塵あい(埃)等が付着するなど，防食性能の面で好ましくない。

　したがって，日作業の計画を策定する際には，作業の段取り替えや素地調整の検査の効率化，それぞれの作業員の配置や，仕切りなどの設置などについて十分な検討が必要である。有機ジンクリッチペイントの塗装作業については，ブラスト作業終了後の規定時間内に完了できる処理面積とすること，塗装方法をはけ塗りその他の方法に変更すること，場合によっては一次的な防せい(錆)塗装として有機ジンクリッチペイントの薄膜塗装を行い1径間などまとまったところで本塗装を実施することなどが考えられる。

(2) 研削材，旧塗膜の産業廃棄物処理

　ブラスト処理後の研削材およびはく離塗膜の廃棄は，次のような点に注意する必要がある。

1) ブラスト処理で排出される産業廃棄物（研削材・塗膜片）は場内より搬出する際には，既存塗膜の成分が明らかでない場合は事前に試験または調査を行う。

2) 上記の試験または調査結果等を反映して産業廃棄物の取り扱いについて十分な検討を行い，これらの処置は関係する法令等に準拠し適切に行う。既存塗膜の処理は「廃棄物の処理及び清掃に関する法律（廃棄物処理法）」に基づき行う。塗装かす（乾燥）は廃プラスチック，残塗料は塗料かす（液体）として一般廃油に分類される。さらに鉛を含む塗装かすは特別管理産業廃棄物として処分する。

2.3 品質管理

　塗装の防食効果，外観，耐久性は，施工の良否に負うところが大きいため，施工は十分な管理の下で行うことが大切である。品質管理の主な項目としては，素地調整の他，塗装作業時の塗料品質，塗り重ね間隔，気象条件，塗膜厚などがある。塗装作業時の品質管理の詳細については，便覧第Ⅱ編 第5章 施工に記されているので，ここでは素地調整に関する事項のみを記述する。

2.3.1 素地調整程度

　素地調整程度1種では，黒皮・さび・塗膜を除去し，清浄な鋼材面を露出する程度まで処理する必要がある。ISO規格では「Sa 2 1/2」，SSPC規格では「SP-10」のグレードに相当するものである。

　素地調整程度の判定は，**写真－Ⅱ.2.26**に示すように，ISO 8501の判定見本写真と処理面とを目視で対照し，判定する方法が一般的に行われている。**写真－Ⅱ.2.27**は，ブラスト処理した面に塗膜が残存しており，十分にブラスト処理ができていない状況を示す。**写真－Ⅱ.2.28**は，さび板をブラスト処理した場合の処理程度によるさびの残存状態を示したものである。

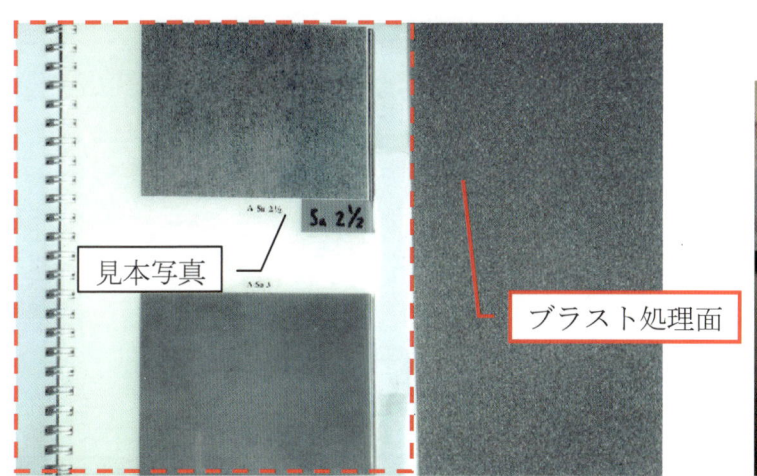

写真-Ⅱ.2.26 素地調整程度の判定状況
（見本写真と処理面の対照）

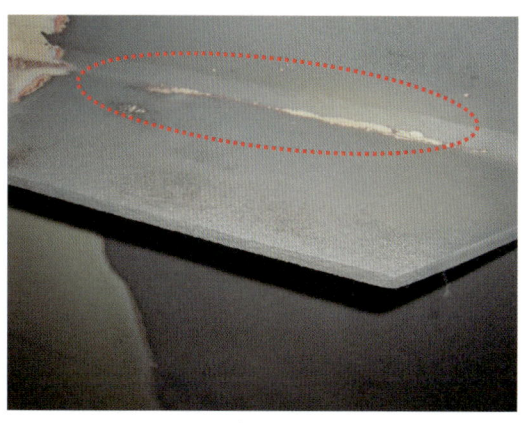

写真-Ⅱ.2.27 ブラスト処理面
（塗膜が残存）

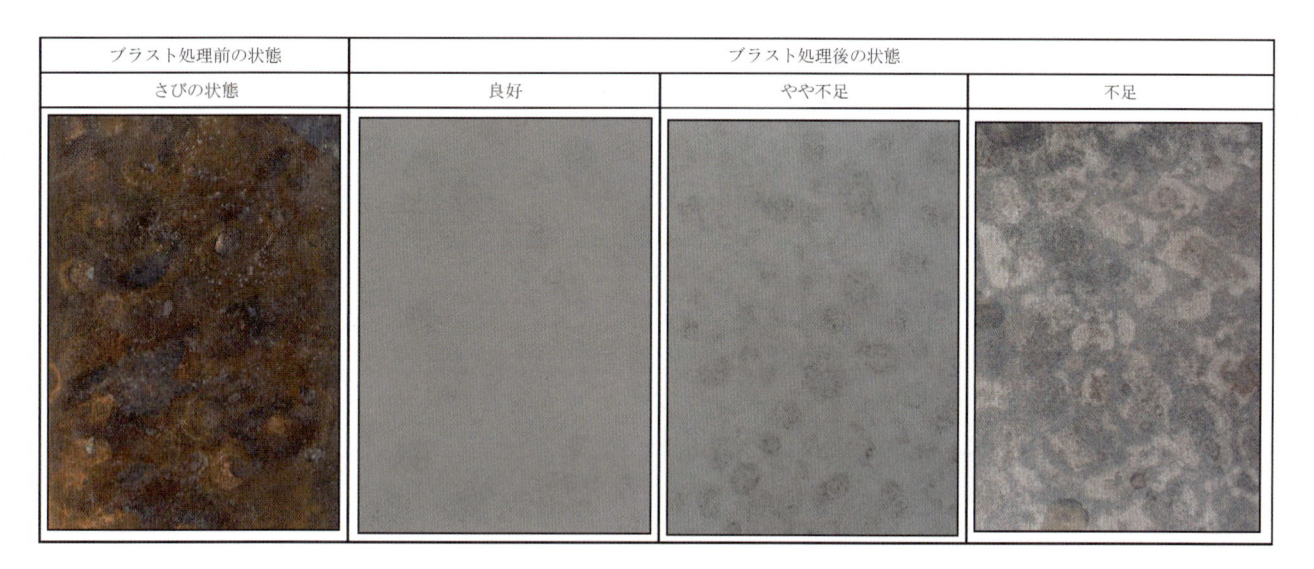

写真-Ⅱ.2.28 素地調整の例

2.3.2 表面粗度

　素地調整にブラスト処理を用いた場合に，研削材の種類や粒度その他の要因で素地調整後の鋼部材の表面粗度が変化する場合がある。通常の場合，素地調整を行って清浄度を確保するために，表面が粗くなり過ぎる傾向にあり，各機関では表面粗度の最大値を基準類で規定している。

　ブラスト処理後の表面粗度の確認は，標準見本板（**写真-Ⅱ.2.29**）などを用いて，目視により確認するのが一般的である。なお，試験施工によってブラスト施工条件を決定する場合には**写真-Ⅱ.2.30**に示す表面粗さ計を用いて表面粗さを計測する。表面粗さ計による計測結果の例を**写真-Ⅱ.2.31**示す。プリント用紙左の上に計測条件，その下に表面粗さを表す各種パラメータが印字され，プリント用紙のグラフは表面の凹凸のプロフィールおよび計測長さである。

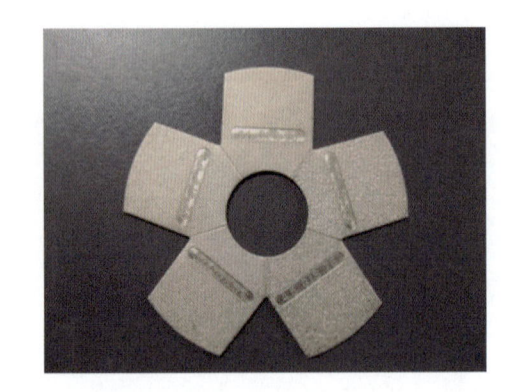

(a) 粗さ見本板

(b) ルーペで見本板と照合

(c) 粗さの照合

写真－Ⅱ.2.29　表面粗さ標準見本板

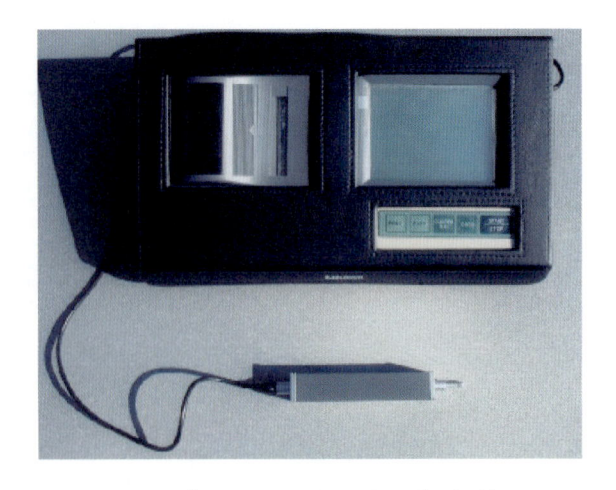

写真－Ⅱ.2.30　表面粗さ計

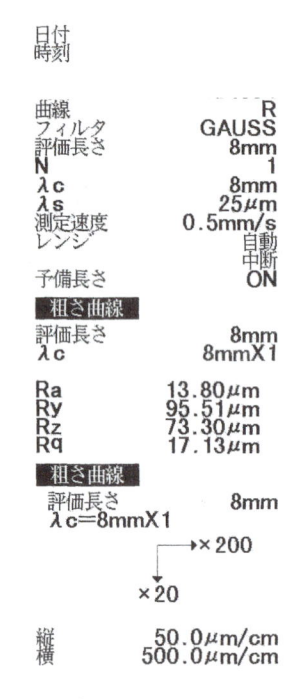

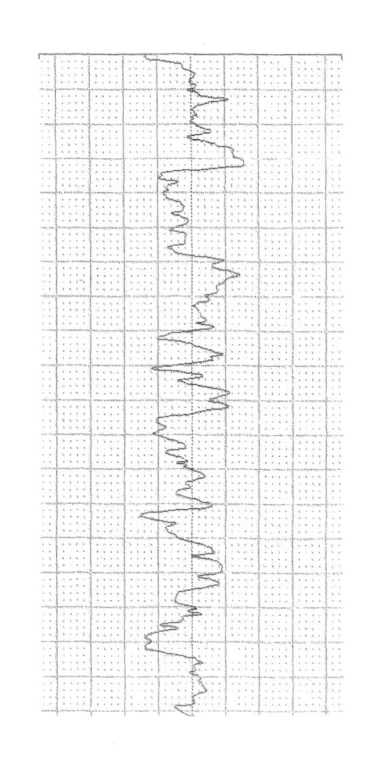

```
日付
時刻

曲線                    R
フィルタ                GAUSS
評価長さ                8mm
N                       1
λc                      8mm
λs                      25μm
測定速度                0.5mm/s
レンジ                  自動
                        中断
予備長さ                ON
【粗さ曲線】
 評価長さ               8mm
 λc                     8mmX1
 Ra                     13.80μm
 Ry                     95.51μm
 Rz                     73.30μm
 Rq                     17.13μm
【粗さ曲線】
 評価長さ               8mm
 λc＝8mmX1
          →×200
       ×20
 縦                     50.0μm/cm
 横                     500.0μm/cm
```

(a) 計測条件，各種　　(b) 表面の凹凸のプロ
　　パラメータ　　　　　　フィール，計測長さ

写真－Ⅱ.2.31　表面粗さ計測結果の例

第3章　維持管理の留意点

3.1　塗膜劣化の実態

3.1.1　塗膜劣化

　一般に，環境条件に応じた適切な塗装系を採用し，十分な管理の下での施工が行われ，さらに塗膜劣化を促進する因子が排除できれば，十分に長期の耐久性を実現できる。しかし，塗装の経時的な劣化現象は避けられず，腐食環境が厳しくない環境下で良好な施工が行われた場合でも，経年とともに塗膜の劣化が進行することとなり，防食機能の確保のためには塗替え塗装が必要となる。いずれにしても，塗膜の耐久性は橋梁の耐久年数より短いのは明らかであり，点検と適切な時期における塗替え塗装は避けられない。

　写真－Ⅱ.3.1～写真－Ⅱ.3.2に代表的な塗装仕様の経年による塗膜の状態を示す。

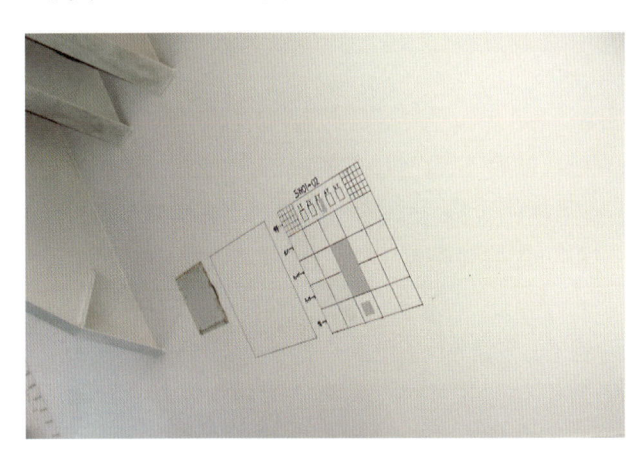

構造部位：箱げた腹板（日射あり）
架橋地点：海上部
塗装系：C-2系（無機ジンク，ポリウレタン）
経過年：12年

構造部位：Ⅰげた腹板（日射あり）
架橋地点：積雪地域，山間部
塗装系：C-2系（無機ジンク，ポリウレタン）
経過年：12年

構造部位：箱げた腹板，下フランジ面
架橋地点：積雪地域，山間部
塗装系：C-3系（無機ジンク，ふっ素）
経過年：13年

構造部位：箱げた腹板，下フランジ面
架橋地点：海上部
塗装系：C-4系（無機ジンク，ふっ素）
経過年：4年

写真－Ⅱ.3.1　塗膜の状態（重防食塗装系）

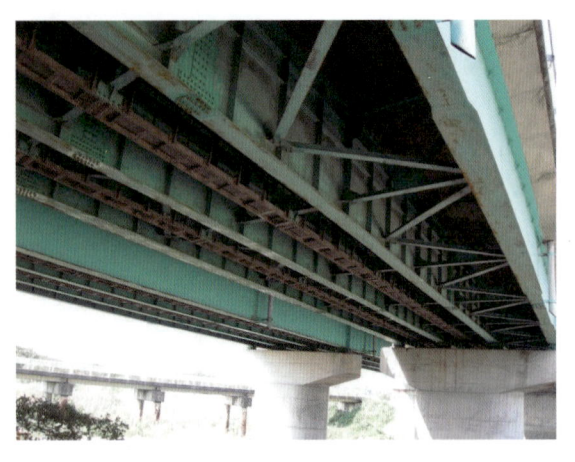

構造部位：Iげた腹板，下フランジ面（日射あり）　　　　　構造部位：Iげた腹板（日射あり）
架橋地点：積雪地域，山間部　　　　　　　　　　　　　　　架橋地点：田園部
塗　装　系：A系（フタル酸）　　　　　　　　　　　　　　塗　装　系：A系（フタル酸）
経　過　年：16 年　　　　　　　　　　　　　　　　　　　経　過　年：16 年

写真－Ⅱ.3.2　塗膜の状態（一般塗装系）

3.1.2　重防食塗装系の塗膜劣化

　長期耐久性を期待する重防食塗装系（C-5塗装系）は，防食下地として無機ジンクリッチペイントを採用し，さらに上塗り塗膜として耐候性の優れたふっ素樹脂を採用しているため，従来のA塗装系，B塗装系などとは塗膜劣化の傾向が異なる。以下に，重防食塗装系の劣化の特徴について記述する。

(1) 塗膜劣化

　重防食塗装系は，施工されてからの経過年数が短いため，塗膜の劣化特性が十分に解明されているとはいえない。塗膜劣化については，膜厚，光沢度の変化などについて調査が行われており，塗膜劣化のモデルは図－Ⅱ.3.1に示すように，①光沢度の低下，②樹脂成分の老化に伴う白亜化（チョーキング），③上塗，中塗，下塗の膜厚の減少の順に進展するものと想定されている。ただし，上記は数少ない事例をもとに想定したものであり，調査データの蓄積を図りながら重防食塗装系の劣化現象に対応した評価が必要となる。

　写真－Ⅱ.3.3に白亜化（チョーキング）の事例を，写真－Ⅱ.3.4に塗膜厚消耗状況（上塗り塗膜の消耗）の例を示す。

　また，厳しい腐食環境下では，塗膜の変状部において，点さびが生じた場合には局部的にさびが進行する孔食型が一般的に見られる（図－Ⅱ.3.2，写真－Ⅱ.3.5）。孔食型は，腐食が金属表面の局部だけに集中して起こり，内部へ向かっての進行速度が大きい劣化の現象である。孔食型の特徴としては，腐食が生じた部分以外のところは，ほとんど塗膜の劣化等が見られず，健全な状態を保っていることであり，全面的な腐食を起こすような通常の塗装系とは異なる劣化現象である。

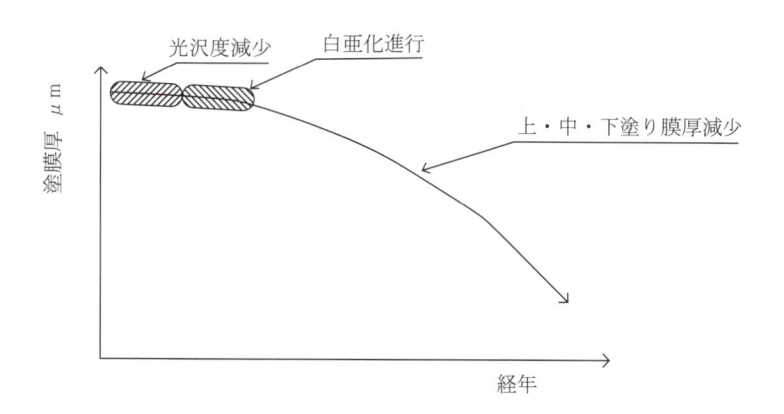

図−Ⅱ.3.1　重防食塗装系の塗膜劣化モデル[12]

写真−Ⅱ.3.3　白亜化（チョーキング）事例

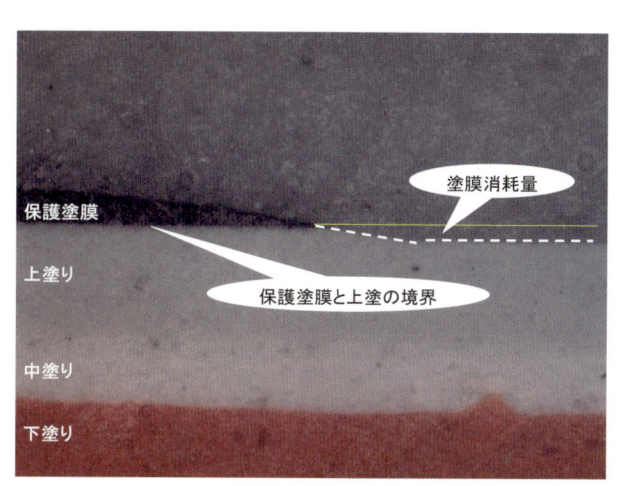

写真−Ⅱ.3.4　塗膜厚消耗状況[13]
（上塗り塗膜の消耗）

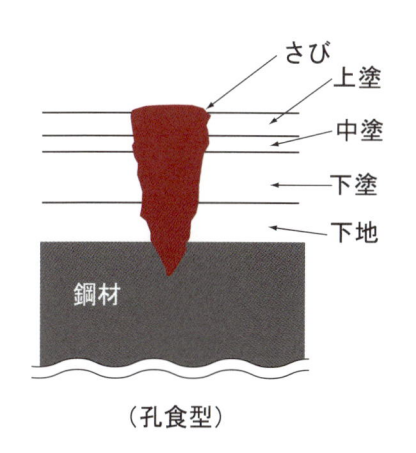

図−Ⅱ.3.2　重防食塗装系の孔食型
腐食のイメージ[12]

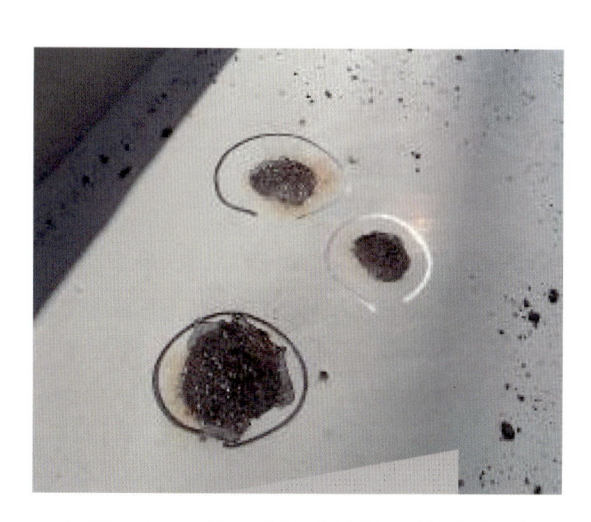

写真−Ⅱ.3.5　重防食塗装の腐食事例
（孔食型の腐食状況）

(2) 塗膜劣化の実態

塗膜劣化は，部材の角部（**写真－Ⅱ.3.6**）や高力ボルト連結部（**写真－Ⅱ.3.7**）などで生じ易く，その傾向はA塗装系あるいはB塗装系と同じである。

写真－Ⅱ.3.6 部材の角部のさび　　　　**写真－Ⅱ.3.7** 高力ボルト連結部のさび

3.2 維持管理の留意点

塗膜劣化は橋梁全体に一様に進行することは稀であり，水，土砂などの腐食因子の影響度により構造部位毎に異なるのが一般的である。

橋梁の橋軸方向に着目した場合，けた端部の塗膜劣化，腐食が進行している事例が多い。これはけた端部に設置される伸縮装置部からの雨水の浸入による他，橋台部の雨水，土砂等の浸入やけた下空間が小さく風通しが悪い等の腐食環境が一般部より厳しいことに起因している（**写真－Ⅱ.3.8**）。一方，橋軸直角方向に着目した場合は，外げたの外面は日射の影響により，光沢度の低下や白亜化が促進されるが，さびの発生の程度は，主げたと主げたの間や下フランジ下面に比べて小さい場合が多いなど，箇所によって塗膜劣化が異なっている。部材細部に着目した場合，部材エッジ部，現場溶接部，高力ボルト連結部さらにコンクリート部材との接触部等で塗膜の劣化が進行している事例が多い。

上記のように，塗膜の劣化は橋梁での部位毎に異なっており，目視点検において塗膜劣化，腐食を判断する場合には，注意が必要である。遠望による外げたの外面のみの目視調査では，橋梁全体の塗膜劣化の進行度の判断を誤る危険性があり，点検時には，橋梁下面からの近接による点検を行うなど，橋梁全体の調査を基本とすることが重要である。

便覧では，部材の角部は膜厚の確保がしにくい箇所であることから，2R以上の面取りを行って曲面仕上げとすることを推奨している（**写真－Ⅱ.3.9**）。これは塗装の耐久性を向上させる上で有効であるが，既設の橋梁では角部に2R以上の面取りが施されていないことが多い。この場合，塗替え塗装を行っても，部材の角部からさびが先行して発生する可能性が高いことから，主要部材の下フランジなどのほか，外部に自由縁となっている部材の角部についても，塗替え塗装時に素地を露出させ曲面仕上げすることが望ましい。

(a) けた端部の塗膜損傷,腐食(1)　　　　(b) けた端部および支承部の塗膜損傷,腐食(2)

写真－Ⅱ.3.8　けた端部の塗膜損傷,腐食事例

(a) R面取り状況　　　　(b) R面取りの確認状況

写真－Ⅱ.3.9　部材角部のR面取り

【参考文献】

1) (独)土木研究所，(財)土木研究センター，(社)日本鉄鋼連盟，(社)プレストレスト・コンクリート建設業協会：海洋構造物の耐久性向上技術に関する共同研究報告書-海洋暴露20年の総括報告書-（整理番号第345号），2006.5
2) 吉田真一：鋼橋塗装施工上のポイント，山海堂，1982.
3) 関西鋼構造物塗装研究会：最新- わかりやすい塗装のはなし 塗る，2001.3
4) 森芳徳：阿字ヶ浦漂砂観測桟橋塗装試験報告，鋼橋塗装，Vol.10, No.1, pp.13-22, 1982.1 より編集
5) 関西鋼構造物塗装研究会：最新- わかりやすい塗装のはなし 塗る，1994.3
6) (社)日本鋼構造協会：重防食塗装の実際，山海堂，1988.
7) (社)日本鋼構造協会：鋼橋の長寿命化のための方策（塗装からの取り組み），2002.10
8) (財)高速道路調査会：鋼橋塗装に関する調査研究報告書，1975.
9) (社)日本鋼橋塗装専門会：重防食塗装の知識，1996. より編集
10) (社)日本橋梁・鋼構造物塗装技術協会：現場ブラスト作業の知識（第二版），2002. より編集
11) 石井資浩，和合征夫，富永好勇，石塚喬康：銚子大橋の塗替え工事，鋼橋塗装 Vol.22, No.1, 1994.1
12) 中元雄治：長期防錆型塗装の塗膜劣化メカニズム解明へのアプローチ，本四技報，No.18, No.72, 1994.10 より編集
13) 長谷川芳己，小林克己，長尾幸雄，山口和範：長大橋における長期防錆型塗装系の採用によるLCCの低減，土木技術資料，Vol.48, No.11, 2006.11 より編集

付属資料

付Ⅱ-1. 新技術 ·································· Ⅱ-30
　(1) 環境にやさしい塗装系 ····················· Ⅱ-30
　(2) 新規塗料 ·································· Ⅱ-32
　(3) その他の新技術 ··························· Ⅱ-35
付Ⅱ-2. 塗装系一覧 ······························ Ⅱ-42
参考文献 ··· Ⅱ-46

付Ⅱ-1. 新技術

ここでは，近年利用される塗装にかかわる新技術のうち，有用と考えられる環境に配慮した塗料などの新規塗料や塗装技術について事例を紹介する。

(1) 環境にやさしい塗装系

平成17年5月の大気汚染防止法改正に伴い環境に対する取組みがこの数年で大きく進んできており，大気汚染物質のひとつで，且つ光化学スモッグの原因物質であるVOC（揮発性有機化合物）の削減が求められている。塗装した時に大気中に揮発する塗料中の溶剤はVOCであり，その対策として有機溶剤を低減した低溶剤形塗料をはじめ，有機溶剤を殆ど含まない水性塗料が開発されている。

また，各機関においてもVOC削減を図った塗料および塗装系の品質検討[1]～[4]がなされ，試験塗装[5]を経て指針やガイドとして設定され橋梁に適用され始めている。主な事例として，財団法人鉄道総合技術研究所の鋼構造物塗装設計指針[6]，東京都環境局のVOC対策ガイド[7]等がある。道路橋・人道橋等におけるVOC削減塗装系の施工実績を**付表-Ⅱ.1.1**および**付写-Ⅱ.1.1～付写-Ⅱ.1.4**に示す。また，鉄道橋における水性塗料の施工例を**付表-Ⅱ.1.2**に示す。

付表-Ⅱ.1.1 道路橋・人道橋等におけるVOC削減塗装系の施工実績

橋梁名	発注者	場所	面積(m^2)	施工年	塗装系のタイプ
岳美高架橋	中部地方整備局	静岡県	100	1995年	低溶剤形塗装系／水性塗装系
向小駄良高架橋	中部地方整備局	静岡県	40	1995年	低溶剤形塗装系／水性塗装系
保土ヶ谷バイパス	関東地方整備局	神奈川県	200	1995年	低溶剤形塗装系／水性塗装系
第3巴川歩道橋	中部地方整備局	静岡県	1,400	1996年	低溶剤形塗装系／水性塗装系
胡桃橋（人道橋）	東京都	東京都奥多摩町	90	2005年	低溶剤形塗装系
豊水橋	東京都	東京都新宿区	400	2007年	低溶剤形塗装系
蛇崩川橋梁	東京メトロ	東京都目黒区	1,400	2008年	水性塗装系
相生橋	東京都	東京都新宿区	1,300	2008年	水性塗装系
ごみ坂橋（横断歩道橋）	東京都	東京都新宿区	1,500	2008年	水性塗装系
朝日橋	東京都	東京都新宿区	1,300	2008年	低溶剤形塗装系

備考）中部地方整備局，関東地方整備局の4物件は新設橋梁の一部に全工場塗装による試験塗装を行った。

付表-Ⅱ.1.2 鉄道橋における水性塗料の施工例

橋梁名	発注者	場所	面積(m^2)	施工年
第一吾妻川橋梁	JR東日本	吾妻線	1,300	2006年
三河島こ線橋	JR東日本	常磐線	2,500	2006年
本宿橋梁	JR東日本	中央本線	2,040	2007年
有楽町中央口架道橋	JR東日本	東海道本線	1,197	2007年

付写－Ⅱ.1.1　道路橋(1)（水性塗装系）

付写－Ⅱ.1.2　道路橋(2)（水性塗装系）

付写－Ⅱ.1.3　横断歩道橋（水性塗装系）

付写－Ⅱ.1.4　人道橋（低溶剤塗装系）

　水性塗料および水性塗装系は一般的な溶剤形塗料および溶剤形塗装系と同等の塗膜性能および耐久性があることが，土木研究所による研究や試験によって確認[1]されている。また，塗装から乾燥までの気象条件が塗装禁止条件外の一般的な気象条件の場合においては，溶剤形塗装系と同等の塗装施工ができ，塗膜の品質も確保されることが確認されている。その耐久性についても追跡調査[8]がなされている。しかし，水性塗料および水性塗装系は溶剤形塗料および溶剤形塗装系に比べ塗装時の気象条件に敏感で，特に塗装から乾燥過程で急な降雨や結露に曝されるような場合には塗膜のたれ，むら，色分れ等の不具合を生じやすい。このような塗装・乾燥過程での水性塗装系の不具合を**付写－Ⅱ.1.5，付写－Ⅱ.1.6**に示す。この事例は，塗装途中からの気象条件の変化によって，塗装完了後の乾燥過程において結露状態が続いたため，このような塗膜不具合を生じたものである。従って，塗装時から乾燥過程の数時間の間に低温や高湿度になる気象条件，および急な降雨に曝されるような気象状況などについては十分な配慮が必要である。

　また，現場での塗替え塗装において，水性塗装系には及ばないがVOCを30～50％削減でき，且つ従来の溶剤形塗料および塗装系と同じように取り扱いや塗装管理ができる塗料として，低溶剤形塗料および塗装系が開発[9],[10]されており，水性塗料および塗装系を適用しにくい条件や状況で有効である。

付写－Ⅱ.1.5　水性塗装系の塗装時のたれ，むら　　　　付写－Ⅱ.1.6　水性塗装系の塗装時の色分れ

(2) 新規塗料

1) 省検査形膜厚制御塗料

塗料の色の違いによる隠蔽力の差を利用した2つの塗料を塗装することによって，塗装中に塗装作業者の膜厚の目安が容易になる塗料であり，膜厚不足による性能低下を未然に防止しやすく，膜厚検査を簡素化できる塗料[11]である。微妙な色差を判断するために日差しや照明による十分な照度を確保する必要がある。なお，塗料はエポキシ樹脂塗料であることから，スプレー塗装される新設橋梁の内面等に適しているが，塗料の色に制約がある。

付図－Ⅱ.1.1に二層目塗装後の膜厚と隠蔽の関係を示す。これは一層目の青色系塗料を塗装し，二層目の黄色系塗料を塗装した場合に一層目塗膜を隠蔽する二層目塗料の膜厚を示したものである。**付写－Ⅱ.1.7**の見本板を見ながら作業を行い，目視判定できる評価点4に達すると膜厚240μmの90%以上であると判断する。塗装時に使用する見本板を**付写－Ⅱ.1.7**に，試験塗装および実績を**付表－Ⅱ.1.3**に示す。

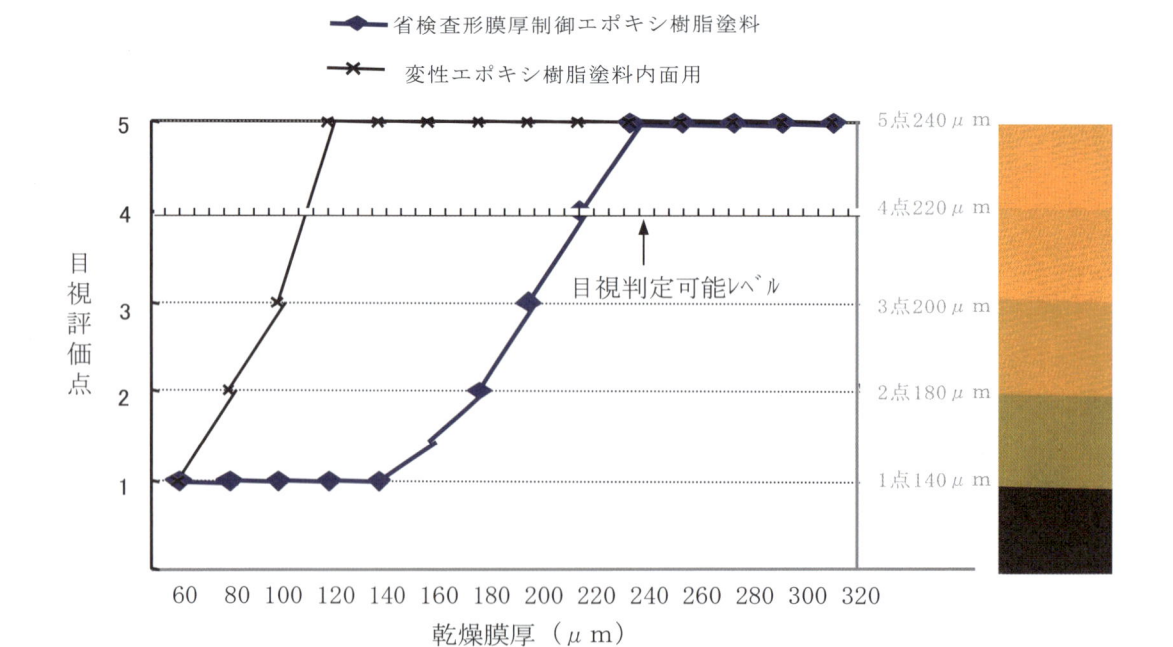

付図－Ⅱ.1.1　膜厚と隠蔽の関係

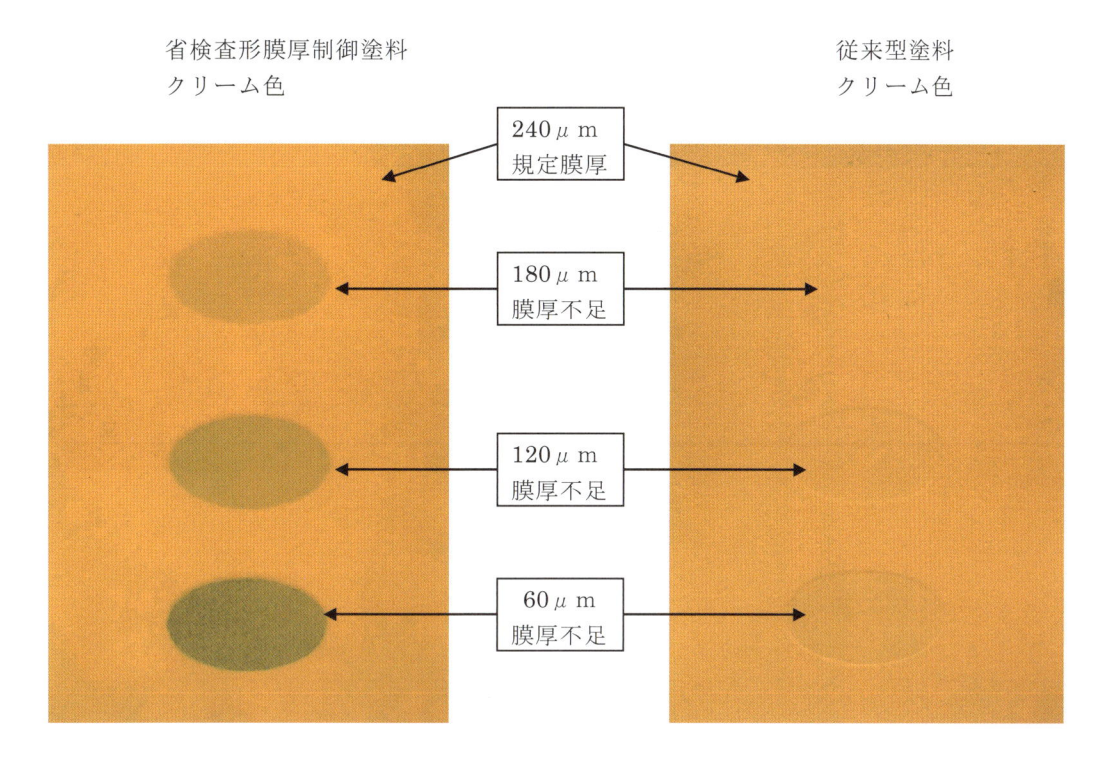

省検査形膜厚制御塗料　　　　　　　　　　　　　従来型塗料
　　　クリーム色　　　　　　　　　　　　　　　　クリーム色

240μm 規定膜厚

180μm 膜厚不足

120μm 膜厚不足

60μm 膜厚不足

付写－Ⅱ.1.7　塗装時に使用する見本板

付表－Ⅱ.1.3　試験塗装および実績

橋　梁　名	発　注　者	場　　所	面積（m²）	施工年
南横断橋	土木研究所	茨城県つくば市	100	2001年
秋田大橋	東北地方整備局	秋田県秋田市	150	2002年
大師ジャンクション	首都高速道路公団	神奈川県川崎市	6,000	2003年

2）寒冷地用塗料

　寒冷地の冬場での塗装においては，塗料の塗装禁止条件（便覧第Ⅱ編5.2.2，表－Ⅱ.5.4）に該当する場合が多く，塗装の延期，塗装工期の長期化，塗膜品質や耐久性の低下を招くことがある。この対策として寒冷地の冬場の低温塗装環境においても，通常の塗装工期で塗装ができ，且つ塗膜品質の低下しにくい塗料や塗装系が提案されている。試験的に寒冷地の冬場に塗装され，塗装作業上は問題ないことが確認[12]されているが，塗料品質や塗装系の耐久性について十分な検証はまだなされておらず，橋梁塗装での実績もほとんどない。

3）中・上塗兼用塗料

　塗料中の樹脂の傾斜構造技術（ひとつの材料の中で組成や機能を連続的または段階的に変化させる技術）を応用した中・上兼用塗料はひとつの塗料でふっ素樹脂塗料用中塗とふっ素樹脂塗料上塗の機能を併せ持つ塗料[10]であり，各機関で塗料品質や施工品質について検証されている。この中・上塗兼用塗料を適用することによって，塗装系の省工程化や塗装工期の短縮や塗装コストの低減やVOC削減等に効果があり橋梁にも適用され始めている。その適用事例の一部を**付写－Ⅱ.1.8，付写－Ⅱ.1.9**に示す。

付写－Ⅱ.1.8　主塔の塗替え塗装の例　　　　　　付写－Ⅱ.1.9　道路橋の塗替え塗装例

　埼玉県内での道路橋の新設塗装工事におけるボルト接合部の現場塗装に適用された省工程塗装系を**付表－Ⅱ.1.4**に示す。従来の塗装系では7回塗りの塗装工程が低溶剤形のエポキシ樹脂塗料下塗と低溶剤形の中・上塗兼用塗料を組み合わせることによって5回塗りの省工程塗装系[13]となり，塗装工期の短縮とVOC削減が図られる。

　この省工程塗装系と従来塗装系とのVOC削減率の比較を**付図－Ⅱ.1.2**に示す。この省工程塗装系は低溶剤形塗料であるため，VOC削減ともなりうる。また，仕上がり外観は従来塗装系と同等であることが確認[13]されている。

付表－Ⅱ.1.4　低溶剤形下塗と中・上塗兼用塗料を用いた省工程塗装系

	工程	塗装方法	従来の塗装系					VOC削減＋省工程の塗装系				
			塗料一般名	塗料規格	使用量 g/m²	膜厚 μm	VOC g/m²	塗料一般名	塗料規格	使用量 g/m²	膜厚 μm	VOC g/m²
現場	素地調整	はけ	3種ケレン					3種ケレン				
	ミストコート		変性エポキシ樹脂塗料下塗	P-414	(130)	－	74.5	変性エポキシ樹脂塗料下塗	P-414	(130)	－	74.5
	下塗		変性エポキシ樹脂塗料下塗	P-414	240	60	93.7	低溶剤変性エポキシ樹脂塗料下塗	P-419	240	80	59.4
	下塗		変性エポキシ樹脂塗料下塗	P-414	240	60	93.7	低溶剤変性エポキシ樹脂塗料下塗	P-419	240	80	59.4
	下塗		変性エポキシ樹脂塗料下塗	P-414	240	60	93.7	低溶剤変性エポキシ樹脂塗料下塗	P-419	240	80	59.4
	下塗		変性エポキシ樹脂塗料下塗	P-414	240	60	93.7	－				
	中塗		ポリウレタン樹脂塗料用中塗	P-422	140	30	54.7	－				
	上塗		ポリウレタン樹脂塗料上塗	P-431	120	25	54.9	厚膜シリコン変性エポキシ樹脂塗料上塗	P-433	160	55	27.1
	特徴		VOC削減率＝基準	塗装回数;7回		295	559	VOC削減率＝50%	塗装回数;5回		295	280

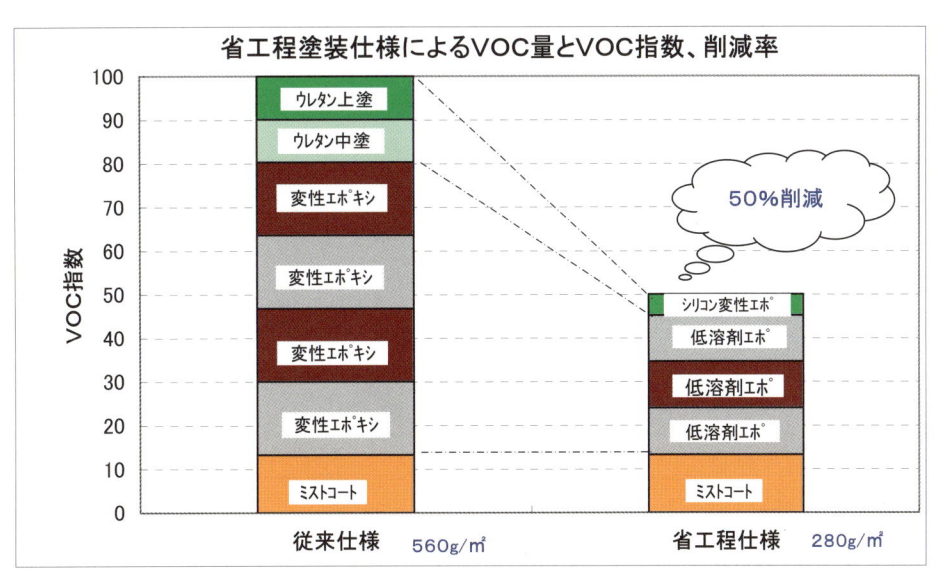

付図－Ⅱ.1.2　省工程塗装仕様によるVOC削減率の例

付表－Ⅱ.1.5に中・上塗兼用塗料の実施例を示す。

付表－Ⅱ.1.5　中・上塗兼用塗料の実施例

橋　梁　名	発　注　者	場　　所	面積（m²）	施工年
當麻第二橋	日本道路公団	南阪奈道路	500	2001年
大師ジャンクション	首都高速道路公団	神奈川県川崎市	16,200	2003年
胡桃橋	東京都	東京都奥多摩町	80	2005年
みそかい橋	千葉県	千葉県	2,200	2005年
0E31～36工区	首都高速道路公団	埼玉県	6,000	2005年
志呂橋（R53号）	中国地方整備局	岡山県	400	2005年
湾岸線3019～3021	首都高速道路	東京都大田区	500	2006年
須川橋りょう	JR東日本	福島県	400	2007年
豊水橋	東京都	東京都新宿区	1,500	2007年
鶴見つばさ橋	首都高速道路	神奈川県横浜市	700	2008年

(3) その他の新技術

　塗替え塗装による橋梁の延命を図る塗装系として，Rc-Ⅰが提唱されているが，この塗装系の耐久性を確保するには素地調整と塗装方法が重要である。一般的な素地調整方法としては研削材を用いるオープンブラストがあり，また塗装方法としてはエアレススプレーが適用されている。しかし，従来から行われているこれらの方法は粉塵やスプレーミストの飛散，騒音および産廃物等の点で環境や人に対する負荷が大きいため作業にあたっては，養生を十分に行う必要がある。これらの課題をある程度改善できる素地調整方法や塗膜はく離技術およびスプレー法が開発され適用され始めている。

1) 環境対応の現場塗膜除去技術

　一般塗装系の橋梁を重防食塗装系へ移行するには，旧塗膜を除去し素地調整程度2種以上にする必要がある。旧塗膜に鉛，クロム，PCB等の有害物質が含まれる場合があり，これらを飛散なく除去し産廃物量を少なくでき，且つ安全に塗膜除去作業ができる技術が各機関[14),15)]で検討されている。

　付図－Ⅱ.1.3に塗膜はく離材による塗膜除去のメカニズムを示す。はく離材を塗膜に浸透させる

ことによってはく離させることから，既往の塗膜の膜厚が大きい場合，塗付時の気温が低い場合さらに湿潤時間が短い場合には塗膜が容易にはく離し難いこともあるので，対象橋梁の塗膜で事前に試験することが望ましい。なお，塗膜はく離材は，塗膜をはく離するもので，さびや黒皮の除去など鋼材面の素地調整はできない。

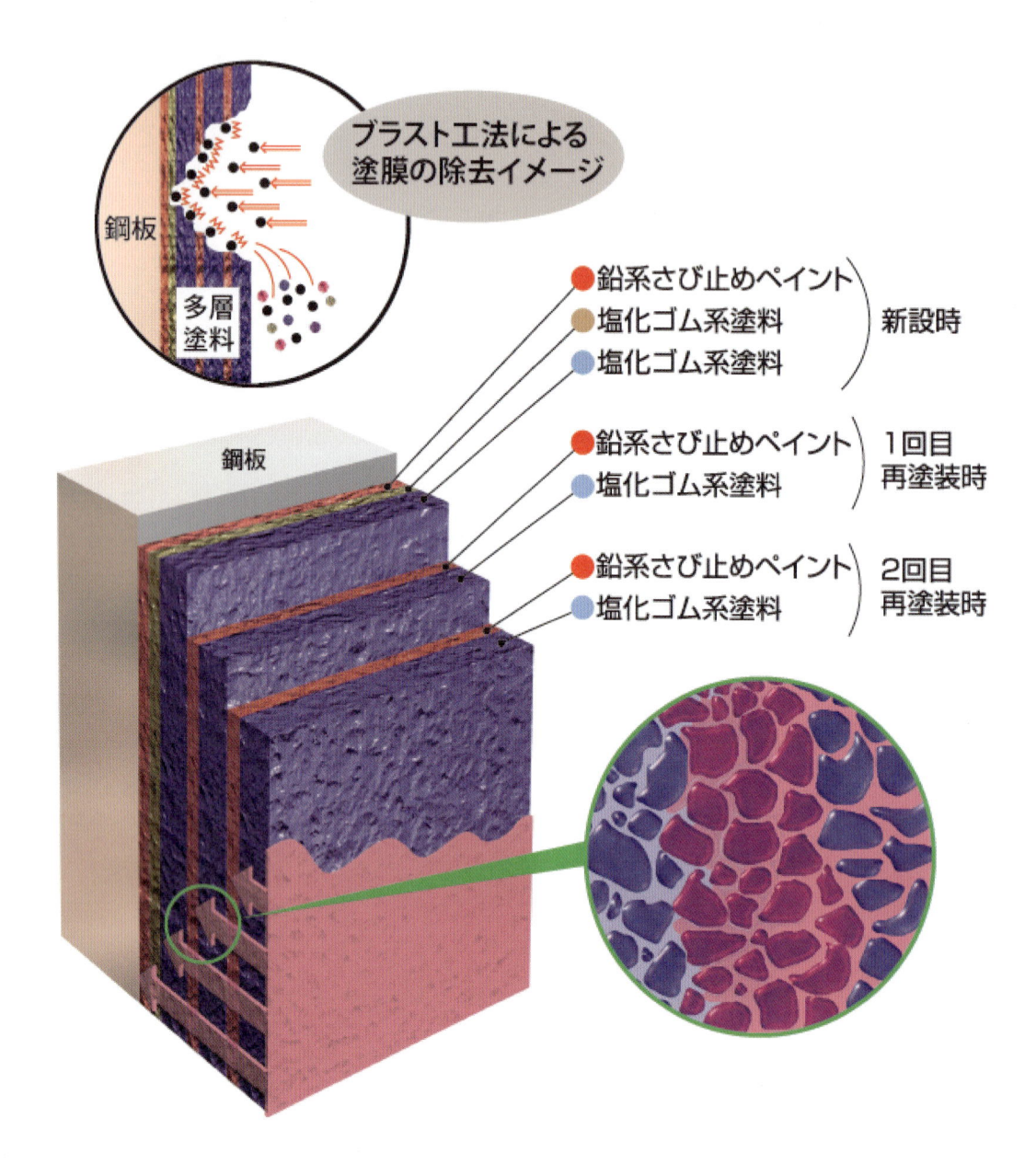

付図－Ⅱ.1.3　塗膜はく離のメカニズム

付写－Ⅱ.1.10 にはく離状況を示す。また，付写－Ⅱ.1.11 に塗膜はく離材の塗付直後の状況を，付写－Ⅱ.1.12 に 24 時間後の塗膜の除去・回収の状況を示す。

付写－Ⅱ.1.10　塗膜はく離状況

付写－Ⅱ.1.11　塗膜はく離材塗付直後

付写－Ⅱ.1.12　24 時間後の除去・回収

はく離材による塗膜の除去は，橋梁の塗替えに多数適用され始めており，その実績の一部を**付表－Ⅱ.1.6**に示す。

付表－Ⅱ.1.6　はく離材による塗膜除去の実績例

橋梁名	発注者	場所	面積(㎡)	施工年
新大浜橋	熊本県	熊本県	100	2004年
高新大橋(R8号)	北陸地方整備局	富山県	600	2005年
1号橋(R10号)	九州地方整備局	宮崎県	250	2005年
クンネベツ橋(R242号)	北海道開発局	北海道	95	2006年
帯広市歩道橋(R236号)	北海道開発局	北海道	540	2006年
函館万代跨道橋	JR北海道	北海道	368	2006年
引野高架橋	福岡北九州高速道路公社	福岡県福岡市	220	2006年
真名川ダムゲート	近畿地方整備局	福井県	260	2007年
釧路市北大通り照明灯	北海道庁	北海道	90	2007年
釧路市北大通り照明灯	北海道開発局	北海道	560	2007年
崎川橋	東京都	東京都江東区	550	2007年
紀左ヱ門橋	名古屋市	愛知県名古屋市	600	2007年
小割沢橋	青森県	青森県	290	2007年
桜宮橋(R1号)	近畿地方整備局	大阪府大阪市	5,000	2007年
北46工区(1)	福岡北九州高速道路公社	福岡県福岡市	8,400	2007年
北46工区(2)	福岡北九州高速道路公社	福岡県福岡市	9,140	2007年
北46工区(3)	福岡北九州高速道路公社	福岡県福岡市	8,840	2007年
北46工区(4)	福岡北九州高速道路公社	福岡県福岡市	9,540	2007年
六甲大橋	神戸市	兵庫県神戸市	2,300	2008年
南小倉城野間橋	福岡北九州高速道路公社	福岡県福岡市	1,982	2008年
東富橋	東京都	東京都江東区	1,226	2008年
湊大橋	青森県	青森県	2,980	2008年
武石高架橋	NEXCO東日本	千葉県	3,363	2008年
北47工区	福岡北九州高速道路公社	福岡県北九州市	10,585	2009年
小松川橋	関東地方整備局	東京都	3,150	2009年
鬼怒大橋	栃木県	栃木県	5,556	2009年
青柳橋	山形県	山形県	1,500	2009年

2) 粉塵飛散や騒音が少ないブラスト方法

　鉱物系や金属系の研削材の代わりに超高圧水を用いた，クローズド方式の塗膜はく離システムのシステム構成[16]を，**付図－Ⅱ.1.4**に示す。このシステムは対象物に吸着自走ロボットあるいは手動式はく離機，高圧ポンプ，コンプレッサー，発電機，廃水処理槽からなり，超高圧水ではく離された塗膜は廃水処理槽で塗膜と下水に流せる処理水に分離される。また，粉塵の飛散は全くなく騒音もほとんどないことから，軽微な養生とすることができるが，設備が大きくなるため対象物が限ら

れる。この塗膜はく離システムではく離した後の鋼板の表面状態や塗装した塗膜の性能も検討され，耐久性に問題がないことが確認[17]されている。

この塗膜はく離システムの橋梁への適用状況について**付写－Ⅱ.1.13，付写－Ⅱ.1.14**に示す。

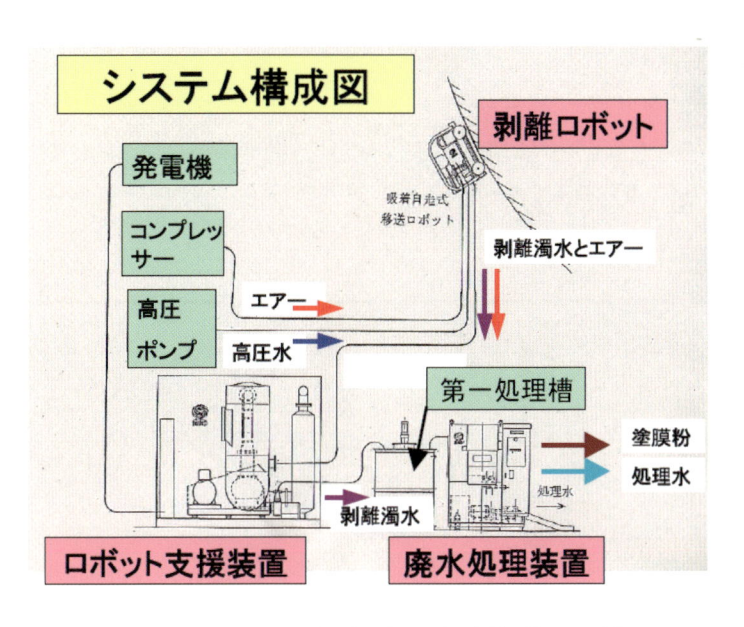

付図－Ⅱ.1.4 クローズド超高圧水洗塗膜はく離システム

付写－Ⅱ.1.13 吸着自走ロボットによる塗膜はく離状況

付写－Ⅱ.1.14 手動式はく離機による塗膜はく離状況

3) エアーアシスト方式静電スプレー塗装

エアーアシスト方式静電スプレー塗装[18),19)]とは，鋼構造物の塗装に一般的に使用されているエアレススプレーに，静電塗装の機能を付加し，スプレー流をエアー流で包み込む補助エアーを組み合わせたスプレー方式を採用したものであり，更に導電性飛散防護メッシュシートを併用するものである。システム概要を**付図－Ⅱ.1.5**に，塗装状況を**付写－Ⅱ.1.15**に示す。

この仕組みの概要は次の通りである。

ⅰ) 静電塗装

スプレーガンの先端に電極を設けて高電圧をかけることにより，通過するスプレー流に静電気

を帯びさせ，被塗物にアースを取り付けて静電界を作り，塗料を吸着させる。

ⅱ) 補助エアー

チップの外側からスプレー流を包むようにエアーを流し，塗料の飛散を防止するとともに，低圧で噴出したときのスプレー流の乱れを矯正する（低圧にすることにより塗料飛散の減少を図ることができる）。

ⅲ) 導電性飛散防護メッシュシート

被塗物に付着しなかった僅かなスプレーミストは静電気を帯びているので，塗装作業区域の開放部を塞ぐようにアースを取り付けた導電性飛散防護メッシュシートを張り巡らし，これにより捕捉する。

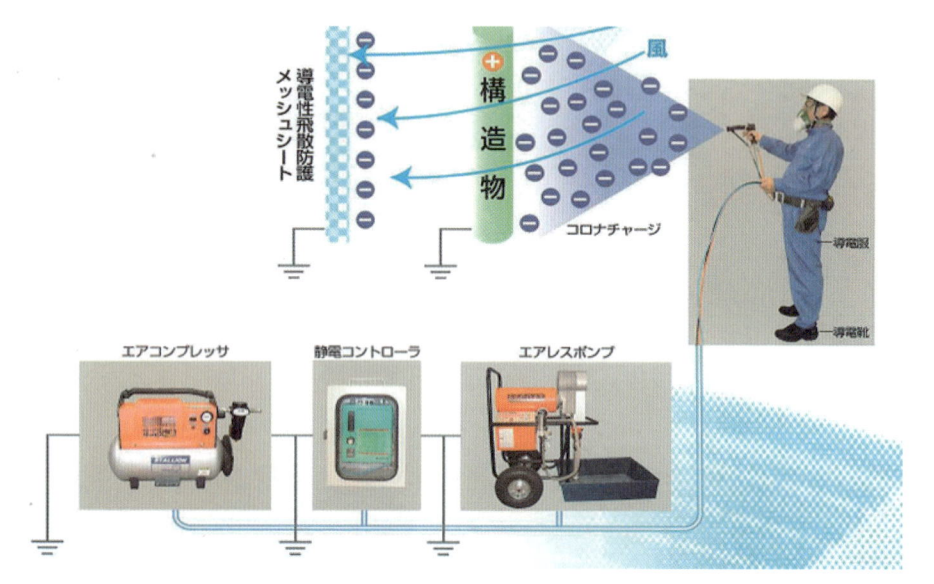

付図－Ⅱ.1.5　エアーアシスト方式静電スプレー塗装工法のシステム[20]

付写－Ⅱ.1.15　エアーアシスト方式静電スプレー塗装状況

このスプレー塗装システムは橋梁の塗替え塗装に適用されつつあり，その実施例を**付表－Ⅱ.1.7**に示す。なお，エアーアシスト方式静電スプレー塗装は静電塗装を基本とするため，電導性が高い無機ジンクリッチペイントや有機ジンクリッチペイントには適用できない。

付表－Ⅱ.1.7　エアーアシスト方式静電スプレー塗装の実施例

橋　梁　名	発　注　者	場　　所	面積（㎡）	施工年
14-5から14-7工区	名古屋高速道路公社	愛知県名古屋市	26,500	2002年
15-1から15-4工区	名古屋高速道路公社	愛知県名古屋市	52,800	2003年
16-1から16-6工区	名古屋高速道路公社	愛知県名古屋市	86,900	2004年
早川橋	北陸地方整備局	新潟県	3,700	2005年
17-1から17-5工区	名古屋高速道路公社	名古屋市	79,200	2005年
湾岸線3019～3021	首都高速道路	東京都大田区	330	2005年
米子大橋	中国地方整備局	鳥取県米子市	1,590	2006年
18-1から18-6工区	名古屋高速道路公社	愛知県名古屋市	120,400	2006年
新潟大橋	北陸地方整備局	新潟県	19,000	2007年
19-1から19-5工区	名古屋高速道路公社	愛知県名古屋市	52,100	2007年
木戸橋	関東地方整備局	長野県	5,430	2008年
中里高架橋	中部地方整備局	三重県	1,860	2008年
20-1から20-3工区	名古屋高速道路公社	愛知県名古屋市	32,800	2008年

付Ⅱ－2．塗装系一覧

便覧（平成17年12月），塗装便覧（平成2年6月）に記載のある塗装系を一覧表として以下に示す。

付表－Ⅱ.2.1　新設時塗装系一覧（鋼道路橋塗装・防食便覧，平成17年12月）

塗装系	一般部塗装系	適用部位	素地調整 1次		素地調整 2次		素地調整 3次	ミストコートあるいは下塗り	下塗りあるいは第1層	中塗りあるいは第2層	上塗り	摘要
C-5		一般外面	ブラスト処理	無機ジンクリッチプライマー 15	ブラスト処理	無機ジンクリッチペイント 75		エポキシ樹脂塗料下塗 －	エポキシ樹脂塗料下塗 120	ふっ素樹脂塗料用中塗 30	ふっ素樹脂塗料上塗 25	
A-5		一般外面	ブラスト処理	長ばく形エッチングプライマー 15	動力工具処理			鉛・クロムフリーさび止めペイント 35	鉛・クロムフリーさび止めペイント 35	長油性フタル酸樹脂塗料中塗 30	長油性フタル酸樹脂塗料上塗 25	
D-5	C-5	内面用	ブラスト処理	無機ジンクリッチプライマー 15	動力工具処理				変性エポキシ樹脂塗料内面用 120	変性エポキシ樹脂塗料内面用 120		
D-6	A-5	内面用	ブラスト処理	長ばく形エッチングプライマー 15	動力工具処理				変性エポキシ樹脂塗料内面用 120	変性エポキシ樹脂塗料内面用 120		
F-11	C-5	ボルト連結部外面用	ブラスト処理	無機ジンクリッチプライマー 15	ブラスト処理	無機ジンクリッチペイント 75	動力工具処理	変性エポキシ樹脂塗料下塗 －	超厚膜形エポキシ樹脂塗料 300	ふっ素樹脂塗料用中塗 30	ふっ素樹脂塗料上塗 25	
F-12	D-5	ボルト連結部内面用	ブラスト処理	無機ジンクリッチプライマー 15	ブラスト処理	無機ジンクリッチペイント 75	動力工具処理	変性エポキシ樹脂塗料下塗 －	超厚膜形エポキシ樹脂塗料 300			
F-13	C-5	溶接部外面用	ブラスト処理	無機ジンクリッチプライマー 15	ブラスト処理	無機ジンクリッチペイント 75	ブラスト処理	有機ジンクリッチペイント 75	変性エポキシ樹脂塗料下塗 60 ×2回	ふっ素樹脂塗料用中塗 30	ふっ素樹脂塗料上塗 25	
F-14	D-5	溶接部内面用	ブラスト処理	無機ジンクリッチプライマー 15	ブラスト処理	無機ジンクリッチペイント 75	ブラスト処理	有機ジンクリッチペイント 75	超厚膜形エポキシ樹脂塗料 300			
F-15	A-5	現場連結部外面用	ブラスト処理	長ばく形エッチングプライマー 15			動力工具処理	鉛・クロムフリーさび止めペイント 75	鉛・クロムフリーさび止めペイント 35×2回	長油性フタル酸樹脂塗料中塗 30	長油性フタル酸樹脂塗料上塗 25	
F-16	D-6	現場連結部内面用	ブラスト処理	長ばく形エッチングプライマー 15			動力工具処理		変性エポキシ樹脂塗料下塗 60	超厚膜形エポキシ樹脂塗料 300		
		鋼床版上面用	ブラスト処理	無機ジンクリッチプライマー 15	ブラスト処理	無機ジンクリッチペイント 75						コンクリート接触部
(C-5)		鋼床版裏面（外面）	ブラスト処理	無機ジンクリッチプライマー 15	ブラスト処理	無機ジンクリッチペイント 75		エポキシ樹脂塗料下塗 －	エポキシ樹脂塗料下塗 120	ふっ素樹脂塗料用中塗 30	ふっ素樹脂塗料上塗 25	
(D-5)		鋼床版裏面（内面）	ブラスト処理	無機ジンクリッチプライマー 15	動力工具処理				変性エポキシ樹脂塗料内面用 120	変性エポキシ樹脂塗料内面用 120		
		摩擦接合部	ブラスト処理	無機ジンクリッチプライマー 15	ブラスト処理	無機ジンクリッチペイント 75						
ZC-1		溶融亜鉛めっき面用外面	スィープブラスト処理（または，りん酸塩処理）						亜鉛めっき用エポキシ樹脂塗料下塗 40	ふっ素樹脂塗料用中塗 30	ふっ素樹脂塗料上塗 25	
ZD-1		溶融亜鉛めっき面用内面	スィープブラスト処理（または，りん酸塩処理）						亜鉛めっき用エポキシ樹脂塗料下塗 40	変性エポキシ樹脂塗料内面用 60		
		金属溶射面用外面						エポキシ樹脂塗料下塗 －	エポキシ樹脂塗料下塗 120	ふっ素樹脂塗料用中塗 30	ふっ素樹脂塗料上塗 25	
CC-A		コンクリート面						コンクリート塗装用エポキシ樹脂プライマー －	コンクリート塗装用エポキシ樹脂パテ	コンクリート塗装用エポキシ樹脂塗料中塗 60	コンクリート塗装用ふっ素樹脂塗料上塗 30	ひび割れが極めて少ない
CC-B		コンクリート面						コンクリート塗装用エポキシ樹脂プライマー －	コンクリート塗装用エポキシ樹脂パテ	コンクリート塗装用柔軟形エポキシ樹脂塗料中塗 60	コンクリート塗装用柔軟形ふっ素樹脂塗料上塗 30	ひび割れが生じる恐れがある

注1）　表中の数値は膜厚を表す。単位はμm。ミストコートの膜厚は－で示す。
注2）　表中の網掛けは現場塗装を表す。その他は工場塗装あるいは製鋼工場を表す。

付表−Ⅱ.2.2 塗替塗装系一覧(鋼道路橋塗装・防食便覧,平成17年12月)

塗替え塗装系	旧塗膜塗装系	適用箇所	素地調整	下塗り			中塗り	上塗り
Rc-Ⅰ	A, B a, b, c	一般外面	1種	有機ジンクリッチペイント 600	弱溶剤形変性エポキシ樹脂塗料下塗 240	弱溶剤形変性エポキシ樹脂塗料下塗 240	弱溶剤形ふっ素樹脂塗料用中塗 170	弱溶剤形ふっ素樹脂塗料上塗 140
Rc-Ⅱ	B b, c	旧塗膜のジンクリッチペイントが健全な場合	2種	有機ジンクリッチペイント 240	弱溶剤形変性エポキシ樹脂塗料下塗 200	弱溶剤形変性エポキシ樹脂塗料下塗 200	弱溶剤形ふっ素樹脂塗料用中塗 140	弱溶剤形ふっ素樹脂塗料上塗 120
Rc-Ⅲ	A, B, C a, b, c	ブラスト処理ができない場合	3種	弱溶剤形変性エポキシ樹脂下塗(鋼板露出部のみ) 200	弱溶剤形変性エポキシ樹脂塗料下塗 200	弱溶剤形変性エポキシ樹脂塗料下塗 200	弱溶剤形ふっ素樹脂塗料用中塗 140	弱溶剤形ふっ素樹脂塗料上塗 120
Rc-Ⅳ	C c	旧塗膜に欠陥はなく,美観を改善する場合	4種	弱溶剤形変性エポキシ樹脂塗料下塗 200			弱溶剤形ふっ素樹脂塗料用中塗 140	弱溶剤形ふっ素樹脂塗料上塗 120
Ra-Ⅲ	A a	旧塗膜が十分な塗装寿命を有している	3種	鉛・クロムフリーさび止めペイント(鋼板露出部のみ) 140	鉛・クロムフリーさび止めペイント 140		長油性フタル酸樹脂塗料中塗 120	長油性フタル酸樹脂塗料上塗 110
Rd-Ⅲ	D d	内面用	3種				無溶剤形変性エポキシ樹脂塗料 300	無溶剤形変性エポキシ樹脂塗料 300
Rzc-Ⅰ	溶融亜鉛めっき	部分的な補修の場合	1種	亜鉛めっき用エポキシ樹脂塗料下塗 200			弱溶剤形ふっ素樹脂塗料用中塗 170	弱溶剤形ふっ素樹脂塗料上塗 140
Rc-Ⅰ	溶融亜鉛めっき金属溶射	赤さびが発生した場合,あるいは金属溶射皮膜がはがれた場合	1種	有機ジンクリッチペイント 600	弱溶剤形変性エポキシ樹脂塗料下塗 240	弱溶剤形変性エポキシ樹脂塗料下塗 240	弱溶剤形ふっ素樹脂塗料用中塗 170	弱溶剤形ふっ素樹脂塗料上塗 140

注) 表中の数値は塗料の使用量を表す。単位はg/㎡。

付表－Ⅱ.2.3　新設時塗装系一覧（鋼道路橋塗装便覧，平成2年6月）

塗装系		適用部位	前処理		工場塗装						現場塗装	
			素地調整	プライマー	2次素地調整	下塗り	ミストコート	下塗り	下塗り	中塗り	上塗り	中塗り	上塗り
A	1(2)	外面	ブラスト処理	長ばく形エッチングプライマー 15	動力工具処理	鉛系さび止めペイント 35		鉛系さび止めペイント 35		(フェノール樹脂MIO塗料 45)		長油性フタル酸樹脂塗料中塗 30	長油性フタル酸樹脂塗料上塗 25
A	3(4)	外面	ブラスト処理	長ばく形エッチングプライマー 15	動力工具処理	鉛系さび止めペイント 35		鉛系さび止めペイント 35		(フェノール樹脂MIO塗料 45)		シリコンアルキド樹脂塗料中塗 30	シリコンアルキド樹脂塗料上塗 25
B	1	外面	ブラスト処理	長ばく形エッチングプライマー 15	動力工具処理	鉛系さび止めペイント 35		鉛系さび止めペイント 35		フェノール樹脂MIO塗料 45		塩化ゴム系塗料中塗 35	塩化ゴム系塗料上塗 30
C	1	外面	ブラスト処理	無機ジンクリッチプライマー 15	ブラスト処理	無機ジンクリッチペイント 75	ミストコート	エポキシ樹脂塗料下塗 60	エポキシ樹脂MIO塗料 60			ポリウレタン樹脂塗料用中塗 30	ポリウレタン樹脂塗料上塗 25
C	2	外面	ブラスト処理	無機ジンクリッチプライマー 15	ブラスト処理	無機ジンクリッチペイント 75	ミストコート	エポキシ樹脂塗料下塗 60	エポキシ樹脂塗料下塗 60	ポリウレタン樹脂塗料用中塗 30	ポリウレタン樹脂塗料上塗 25		
C	3	外面	ブラスト処理	無機ジンクリッチプライマー 15	ブラスト処理	無機ジンクリッチペイント 75	ミストコート	エポキシ樹脂塗料下塗 60	エポキシ樹脂MIO塗料 60			ふっ素樹脂塗料用中塗 30	ふっ素樹脂塗料上塗 25
C	4	外面	ブラスト処理	無機ジンクリッチプライマー 15	ブラスト処理	無機ジンクリッチペイント 75	ミストコート	エポキシ樹脂塗料下塗 60	エポキシ樹脂塗料下塗 60	ふっ素樹脂塗料用中塗 30	ふっ素樹脂塗料上塗 25		
D	1	内面	ブラスト処理	長ばく形エッチングプライマー 15	動力工具処理					タールエポキシ樹脂塗料1種 120	タールエポキシ樹脂塗料1種 120		
D	2	内面	ブラスト処理	長ばく形エッチングプライマー 15	動力工具処理					変性エポキシ樹脂塗料内面用 120	変性エポキシ樹脂塗料内面用 120		
D	3	内面	ブラスト処理	無機ジンクリッチプライマー 15	動力工具処理					タールエポキシ樹脂塗料1種 120	タールエポキシ樹脂塗料1種 120		
D	4	内面	ブラスト処理	無機ジンクリッチプライマー 15	動力工具処理					変性エポキシ樹脂塗料内面用 120	変性エポキシ樹脂塗料内面用 120		

注）　表中の数値は膜厚を表す。単位はμm。

付表-Ⅱ.2.4 塗替塗装系一覧（鋼道路橋塗装便覧，平成2年6月）

塗替え塗装系	旧塗膜塗装系	素地調整	下塗り			中塗り	上塗り
a-1	A-1 A-2	2種	鉛系さび止めペイント 140	鉛系さび止めペイント 140		長油性フタル酸樹脂塗料中塗 120	長油性フタル酸樹脂塗料上塗 110
		3種	鉛系さび止めペイント 140	鉛系さび止めペイント 140		長油性フタル酸樹脂塗料中塗 120	長油性フタル酸樹脂塗料上塗 110
		4種	鉛系さび止めペイント 140			長油性フタル酸樹脂塗料中塗 120	長油性フタル酸樹脂塗料上塗 110
	A-1 A-2 A-3 A-4	2種	鉛系さび止めペイント 140	鉛系さび止めペイント 140		シリコンアルキド樹脂塗料中塗 120	シリコンアルキド樹脂塗料上塗 110
		3種	鉛系さび止めペイント (140)	鉛系さび止めペイント 140		シリコンアルキド樹脂塗料中塗 120	シリコンアルキド樹脂塗料上塗 110
		4種	鉛系さび止めペイント 140			シリコンアルキド樹脂塗料中塗 120	シリコンアルキド樹脂塗料上塗 110
b-1	A-1 A-2 B-1	2種	鉛系さび止めペイント 140	鉛系さび止めペイント 140	フェノール樹脂MIO塗料 250	塩化ゴム系塗料中塗 170	塩化ゴム系塗料上塗 150
		3種	鉛系さび止めペイント (140)	鉛系さび止めペイント 140	フェノール樹脂MIO塗料 250	塩化ゴム系塗料中塗 170	塩化ゴム系塗料上塗 150
	B-1	4種				塩化ゴム系塗料中塗 170	塩化ゴム系塗料上塗 150
c-1	A-1 A-2 A-3 A-4 B-1 C-1 C-2	2種	有機ジンクリッチペイント 300	変性エポキシ樹脂塗料下塗 240	変性エポキシ樹脂塗料下塗 240	ポリウレタン樹脂塗料用中塗 140	ポリウレタン樹脂塗料上塗 120
		3種	変性エポキシ樹脂塗料下塗 (240)	変性エポキシ樹脂塗料下塗 240	変性エポキシ樹脂塗料下塗 240	ポリウレタン樹脂塗料用中塗 140	ポリウレタン樹脂塗料上塗 120
		4種	変性エポキシ樹脂塗料下塗 240			ポリウレタン樹脂塗料用中塗 140	ポリウレタン樹脂塗料上塗 120
c-3	A-1 A-2 A-3 A-4 B-1 C-1 C-2 C-3 C-4	2種	有機ジンクリッチペイント 300	変性エポキシ樹脂塗料下塗 240	変性エポキシ樹脂塗料下塗 240	ふっ素樹脂塗料用中塗 140	ふっ素樹脂塗料上塗 120
		3種	変性エポキシ樹脂塗料下塗 (240)	変性エポキシ樹脂塗料下塗 240	変性エポキシ樹脂塗料下塗 240	ふっ素樹脂塗料用中塗 140	ふっ素樹脂塗料上塗 120
		4種	変性エポキシ樹脂塗料下塗 240			ふっ素樹脂塗料用中塗 140	ふっ素樹脂塗料上塗 120
d-1	D-1 D-3	3種				無溶剤形タールエポキシ樹脂塗料 300	無溶剤形タールエポキシ樹脂塗料 300
d-2	D-1 D-2 D-3 D-4	3種				無溶剤形タールエポキシ樹脂塗料 300	無溶剤形タールエポキシ樹脂塗料 300

注） 表中の数値は塗料の使用量を表す。単位はg/㎡。（ ）は鋼材面露出部のみに塗装を表す。

【参考文献】

1) 守屋進：環境にやさしい塗料に関する試験，第 20 回鉄構塗装技術討論会予稿集，pp.21-28, 1997.10
2) 澤田英典，長島清二，冨田賢一：全水性重防食塗装システムについて，第20回鉄構塗装技術討論会予稿集，pp.15-20, 1997.10
3) 田中誠, 江成孝文：環境負荷低減型塗替え塗装系の開発, 鉄道総研報告, Vol.16, No.12, pp.51-54, 2002.
4) 江成孝文，田中誠：環境負荷低減型鋼構造物用塗替え塗装系の検討，鉄道技術連合シンポジウム講演論文集，pp.183-186, 2006.
5) 鈴木延彰，瓜谷詔夫：鉄道橋りょうへの水系塗装系の試用塗装工事を終了して，Structure Painting, Vol.35, No.2, pp.4-9, 2007.
6) 鉄道総合技術研究所編：鋼構造物塗装設計施工指針，研友社，2005.
7) 東京都環境局有害化学物質対策課編：東京都 VOC 対策ガイド（屋外塗装編），2006.4
8) 遠藤三郎，田中誠，江成孝文，坂本達郎：水系塗料を用いた塗装 ECO の塗膜追跡調査，第30回鉄構塗装技術討論会予稿集，pp.47-54, 1997.10
9) 奥文法，加藤裕司：環境・工程短縮対応型ハイソリッド防食塗料の開発，JETI, Vol.56, No.6, pp.108-114, 2008.
10) 黒川雅哲，後藤宏明，中野正：省力型塗料「下塗上塗兼用塗料」の開発，第24回鉄構塗装技術討論会予稿集，pp.70-75, 2001.10
11) 渡辺健児，伊藤貴広，守屋進：省検査形膜厚制御塗料の橋梁への展開，第23回鉄構塗装技術討論会予稿集，pp.91-98, 2000.10
12) 大島利一：低温乾燥形塗料の開発と実橋塗装，第3回技術発表会予稿集，2000.5
13) 蔵治賢太郎，木村真二：省工程塗装仕様の塗装作業性及び仕上げ性に関する調査報告, Structure Painting, Vol.34, No.2, pp.31-37, 2006.
14) 荒川伸彦，臼井明，守屋進：環境にやさしい鋼橋塗装はく離剤，第28回鉄構塗装技術討論会予稿集，pp.69-72, 2005.10
15) http://www.jice.or.jp/kaihatsusho/200608310/kaihatsusho_8_010.html
16) 柘植宗紀，六反田等，中野正：ウォータージェットによる塗膜剥離システム，第25回防錆防食技術発表大会講演予稿集，pp.17-20, 2005.7
17) 斉藤正嘉，六反田等，柘植宗紀：新規素地調整工法による塗装仕様の品質検討，第28回鉄構塗装技術討論会予稿集，pp.33-38, 2005.10
18) 鈴木信二，浅野哲男：高塗着スプレー塗装設計施工要領の概要について，Structure Painting, Vol.32, No.2, pp.28-35, 2004.
19) 片脇清士，三好親，鈴木敬，松井幹夫：高塗着スプレー塗装と管理，第27回鉄構塗装技術討論会予稿集，pp.29-34, 2004.10
20) 下西勝：静電スプレーを用いた塗替塗装の施工試験, Structure Painting, Vol.35, No.1, pp.2-5, 2007.

第Ⅲ編　耐候性鋼材編

第Ⅲ編　耐候性鋼材編

目　次

第1章　防食設計及び構造設計上の留意点 ……………………………… Ⅲ－1

　1.1　構造設計上の留意点と対策事例 ……………………………… Ⅲ－1
　　1.1.1　けた端部 ……………………………………………………… Ⅲ－1
　　1.1.2　水抜き・排水管からの漏水 ………………………………… Ⅲ－3
　　1.1.3　フランジなど水平部材 ……………………………………… Ⅲ－3
　　1.1.4　架橋条件等 …………………………………………………… Ⅲ－4
　　1.1.5　景観への配慮 ………………………………………………… Ⅲ－6

第2章　防食施工の留意点 ……………………………………………… Ⅲ－7

　2.1　施工上の留意点と対策事例 …………………………………… Ⅲ－7
　　2.1.1　床版からの漏水 ……………………………………………… Ⅲ－7
　　2.1.2　高欄からの漏水 ……………………………………………… Ⅲ－7
　2.2　防食対策 ………………………………………………………… Ⅲ－8
　　2.2.1　けた端部の塗装 ……………………………………………… Ⅲ－8
　　2.2.2　摩擦接合面の処理 …………………………………………… Ⅲ－8
　　2.2.3　上フランジ上面と床版コンクリート接触面の処理 ……… Ⅲ－9

第3章　維持管理の留意点 ……………………………………………… Ⅲ－10

　3.1　さびの状態と評価事例 ………………………………………… Ⅲ－10
　　3.1.1　さびの状態評価技術 ………………………………………… Ⅲ－10
　　3.1.2　うろこさびのさび厚評価事例 ……………………………… Ⅲ－10
　3.2　維持補修 ………………………………………………………… Ⅲ－12
　　3.2.1　部分塗装の事例 ……………………………………………… Ⅲ－12
　　3.2.2　部材取替の事例 ……………………………………………… Ⅲ－13

付属資料 ………………………………………………………………… Ⅲ－17

　付Ⅲ－1.　外観評点と電位・さび厚 ……………………………… Ⅲ－18
　付Ⅲ－2.　外観評点とイオン透過抵抗 …………………………… Ⅲ－19

第 1 章　防食設計及び構造設計上の留意点

1.1　構造設計上の留意点と対策事例

　便覧では防食法に共通する要求事項，維持管理しやすい構造とするために配慮すべきことについて述べたうえで，耐候性鋼材の所定の性能を発揮させるため局部環境を整えるべく細部の構造設計を行う必要性が述べられている。ここで細部構造に配慮する必要がある項目として，次の4点が紹介されている（便覧第Ⅲ編 3.1）。
- ・土砂，塵あい(埃)が堆積しにくいこと
- ・滞水を生じないこと
- ・湿気がこもらないこと
- ・同じ場所で雨水等の水分の滴下や跳ね返りの影響を受けないこと

本資料集ではその有効性や重要性の理解を助けることを目的として，実際の対策事例を示す。

1.1.1　けた端部

　けた端部は伸縮装置等からの漏水も多く，またけた遊間やけた下空間も狭く風通しが悪いことが多いため，湿潤な環境となることが多い（**写真−Ⅲ.1.1**）。このため，けた端に切り欠きを設けて風通しを良くしたり（**写真−Ⅲ.1.2**），けた端部を塗装したりした事例（**写真−Ⅲ.1.3**）が見られるほか，風通しを良くするために沓座を高くするなどの事例もある。これらは，けた端が地面と近接する箇所（**写真−Ⅲ.1.4**）でも同様である。このような場合，けた端部の塗装範囲をけた下空間が確保できる範囲まで延長するなど配慮が必要である。既に不具合が発生した場合は，伸縮装置の漏水対策を行い，再発が懸念される場合には部分塗装などの対策が必要となる。

　支点補剛材と下フランジの取り合い部についても，滞水し易く湿潤な環境となりやすい（**写真−Ⅲ.1.5**）。そこで，大きめのスカラップ（R=50 mm程度）を設け，水はけを良くする配慮をした事例もある（**写真−Ⅲ.1.6**）。

　また，けた端部は土砂が堆積し，伸縮装置からの漏水と併せて湿潤環境となり保護性さびが形成されない場合もある。このような場合は定期的に清掃を行うことも有効である。さらに根本的な対策として床版を橋台裏込土工上に延長した延長床版[1]を採用し，伸縮装置位置をずらした事例もある（**写真−Ⅲ.1.3**）。

写真-Ⅲ.1.1 けた端が狭く湿潤な環境となった事例[2]

写真-Ⅲ.1.2 けた端に切り欠きを設けた事例

写真-Ⅲ.1.3 けた端を塗装し，延長床版を採用した事例

写真-Ⅲ.1.4 けた端が地面に近接する事例

写真-Ⅲ.1.5 支点補剛材部の土砂堆積

写真-Ⅲ.1.6 支点補剛材にスカラップ（R=50 mm）を設けた事例[2]

1.1.2 水抜き・排水管からの漏水

床版水抜きからの水が下フランジ近辺に直接かかったり（**写真-Ⅲ.1.7**），路面排水を橋台上面に導水したため飛沫が下フランジにかかったりして当該部分が湿潤環境になった事例（**写真-Ⅲ.1.8**）を示す。

これらの対策としては舗装下面の防水層の状態や床版そのものに異常がないことを確認し，床版水抜きから排水管に導水したり（**写真-Ⅲ.1.9**），路面排水の流末を橋台前面まで延長したり（**写真-Ⅲ.1.10**）するなどの配慮が有効である。

写真-Ⅲ.1.7　床版水抜きからの漏水が下フランジに直接かかる事例

写真-Ⅲ.1.8　橋台上面への排水飛沫によりけた端が湿潤環境となった事例

写真-Ⅲ.1.9　床版水抜きに導水管を設置した事例

写真-Ⅲ.1.10　排水管を橋台前面に延長した事例[2]

1.1.3 フランジなど水平部材

下フランジ上面への滞水を避けるため，下フランジの横断方向に強制的な排水勾配をつけることが従来推奨されていたが，その後の観察により飛来塩分量の多い環境において，横断方向の排水勾配が大きすぎる場合では下フランジ下面の環境を却って悪化させ，層状剥離さびを生じた例（**写真-Ⅲ.1.11**）がある。このことより，このような水平部材に極端な排水勾配を設けることは好ましくない。また，層状剥離さびが生じた場合は，その原因を究明し排除することが基本であるが，排除が困難な場合は部分的な塗装や定期的なけた洗浄などの対策を検討する必要がある。

写真-Ⅲ.1.11 下フランジ下面の層状剥離さび

1.1.4 架橋条件等

架橋地点が地山に近接しており，橋梁と斜面が平行するような地形（**写真-Ⅲ.1.12**）では特に地山側の風通しが悪くなりがちで，湿潤状態になりやすい。また，路面水の巻き上げが気流により自身のけたにもかかるので，冬季に凍結防止剤を多量に散布するような所では斜面側下フランジ上面に塩分が滞留しやすくなるため，防護柵の設置や部分的な塗装を行うなどの対策が必要である（**写真-Ⅲ.1.13**）。このようなことから地山から水平距離5m，鉛直距離2m以内となることを避けるように便覧には示されている。

ただしこのような架橋条件であっても，凍結防止剤の散布量や湿度，気温，風向などの環境条件によっては良好な事例も見られるため，周辺の気象条件等を十分調査の上，対策の必要性について検討を行うのがよい。

写真-Ⅲ.1.12 架橋地点が地山に近接した事例 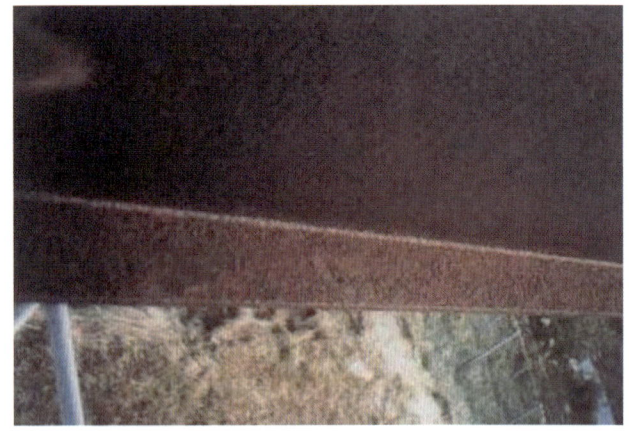　　写真-Ⅲ.1.13 斜面側下フランジ上面の様子

上下線分離構造やランプの分合流部付近の並列橋で路面高に高低差がある場合（**写真-Ⅲ.1.14**）や立体交差部でも，同様に路面水の巻き上げが高い方のけたに影響を及ぼすため，地山が近接した場合と同様の対策が必要となる。特に冬季に凍結防止剤を多量に散布するような所では，隣接橋梁間のあきが水平で3m以内，路面高の高低差が2〜10mとなる関係を避けるよう，便覧には示されている。

上下線分離構造で高低差がない場合（**写真-Ⅲ.1.15**）でも，中央分離帯部の隙間から路面から巻き上げられた漏水や土砂が侵入するので（**写真-Ⅲ.1.16**）同様な配慮が必要である。この場合隙間を塞

ぎ板やシール材で塞ぐなど橋面からの防水も考えられるが，振動系の異なる橋梁間での防水となるため，防水材料の追随性や耐久性に関する検討が必要である。

さらに水面上や湿地上に架設される橋でけた下空間が狭い場合も(**写真－Ⅲ.1.17，写真－Ⅲ.1.18**)，非常に多湿な環境となる場合があるので，そのような多湿な環境が予想される場合には部分的な塗装など，他の防食法も検討するのがよい。

写真－Ⅲ.1.14 並列橋の事例

写真－Ⅲ.1.15 高低差のない上下分離構造の例

写真－Ⅲ.1.16 中央分離帯側下フランジ上面の滞水

写真－Ⅲ.1.17 水面との距離が近く，さび汁が橋脚を汚した事例

写真－Ⅲ.1.18 同橋の近接

1.1.5 景観への配慮

便覧第Ⅲ編 2.2.4 に記述されているとおり，建設初期のさび生成が活性な段階では，雨水の中に鉄（Fe）イオンが溶出し，長期間に渡り同一箇所に滴下するような場合には，写真－Ⅲ.1.17 の橋脚に見られるようにその部分をさび色に汚す場合がある。写真－Ⅲ.1.19 は下路アーチ橋で舗装面などが汚れた事例である。このような汚れが景観上の問題として懸念される場合の対策としては，雨水などを適切に導水したり耐候性鋼用表面処理剤を施すことが有効である。

写真－Ⅲ.1.19 舗装面の汚れ（舗装面に横構からのさび汁が付着している）

ただし，耐候性鋼用表面処理剤を施す場合であっても，長期的には風化・消失し，いずれは耐候性鋼表面に保護性さびが形成されるため，その置換過程においては，色むらや処理膜の風化が不均一となることを前提として選定する必要がある（**写真－Ⅲ.1.20**，**写真－Ⅲ.1.21**）。また，このような表面処理剤を施した場合の外観評価基準としては提案されたもの[2)~4)]があるので参考にするのがよい。

写真－Ⅲ.1.20 耐候性鋼用表面処理の置換過程における不均一さび

写真－Ⅲ.1.21 耐候性鋼用表面処理剤の置換過程における色むら

また，鋼床版形式の橋でグースアスファルトによる熱影響を受ける部材に耐候性鋼用表面処理剤を使用する場合には，処理剤の種類によっては耐熱性の低いものもあるため，使用にあたっては注意する必要がある。

第2章 防食施工の留意点

2.1 施工上の留意点と対策事例

2.1.1 床版からの漏水

　床版防水を施していないため，RC床版打ち継ぎ目から漏水が発生したり（**写真－Ⅲ.2.1**），鋼床版添接部（ボルト接合）からグースアスファルトを通じて漏水が発生することにより（**写真－Ⅲ.2.2**）上下フランジや対傾構等を腐食させた事例を示す。これらの事例は，床版防水を実施していれば防げたものと考えられる。

写真－Ⅲ.2.1　床版打継目からの漏水事例

写真－Ⅲ.2.2　鋼床版添接部からの漏水事例

2.1.2 高欄からの漏水

　壁高欄の目地や高欄外面から床版下面に伝わる漏水に対して，地覆下面に水切り板を設けてけたへの水みちを防ぐ事例がある。この水切り板の設置位置がけたに近すぎる場合，上フランジ下面やウェブ面の通気性を悪くし，かえって保護性さび形成の妨げになることがある。このような場合は水切り板をけたから十分離すか，水切り板の代わりに突起を設ける（**図－Ⅲ.2.1**，**写真－Ⅲ.2.3**）などの対策が有効と考えられる。

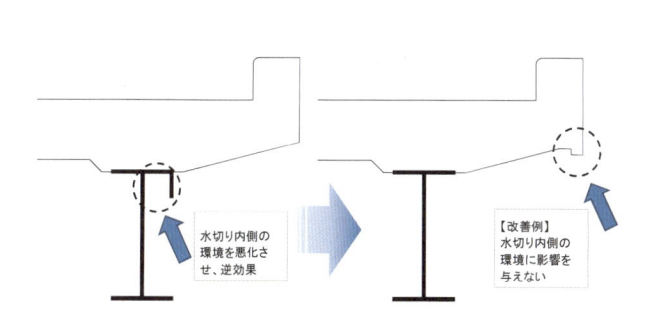

図－Ⅲ.2.1　高欄水切りの改善例

写真－Ⅲ.2.3　高欄水切りの例（突起タイプ）

2.2 防食対策

便覧では，保護性さびの形成に対し良好な環境が望めない範囲については部分塗装を施すこととされており，次のような事項が上げられている（便覧第Ⅲ編 2.2.3(2)）。
- けたの端部（けたの内側）
- 箱げたの内面
- RC床版をもつ箱げたの上フランジ上面
- 局部的に環境の悪い部位（凍結防止剤を散布する路線の橋におけるけた端部外側や地山，地面の迫った範囲など）
- 鋼床版上面
- 水道管による結露などが影響すると考えられる範囲

なお，これら耐候性鋼材に施される防食法や，その仕様については普通鋼材に対する場合と同じでよいとする。

上記塗装範囲に対して一般部に対する塗装仕様については明示されているが，連結部の塗装仕様については触れられていない。塗装橋においては，主に外面塗装の汚れや現場施工性に配慮し連結部の塗装仕様を決定しているが，耐候性鋼橋梁における一般部は基本的に無塗装であり塗装範囲は部分的であるため，留意すべき事項が塗装橋と多少異なる場合も生じる。

ここでは，便覧の補足として耐候性鋼橋梁の部分塗装部における連結部など，留意すべき塗装仕様を示すこととする。

2.2.1 けた端部の塗装

便覧では，けた端部内側面の塗装系については日射も少なく，耐水性，施工性を考慮して内面塗装仕様の塗装系が適用されている。塗装橋における内面塗装仕様系であるD-5塗装系に対応する連結部塗装仕様F-12，F-14塗装系の最終層には超厚膜型エポキシ樹脂塗料を適用しているが，この超厚膜型エポキシ樹脂塗料の調色は淡彩のグレーまたはライトグレーのみの場合があるため，耐候性鋼橋梁に適用した場合，塗装部と無塗装部で外観が異なり景観上不自然となる場合がある。このような場合には，耐久性に優れた塗装系としてけた外面の塗装系と同じく外面塗装仕様C-5塗装系とその連結部塗装仕様F-11，F-13塗装系を適用するのが望ましい。

ここで，けた端部の部分塗装で比較的塗り替えが容易でありライフサイクルコストにおいても優位であると判断できる場合には，施工性の観点より内面塗装仕様D-5塗装系とし，連結部についてはF-12塗装系に調色が可能な変性エポキシ樹脂塗料下塗（200g/m²・60μm）を増塗りして最終層の色調を合わせる事例もある。

2.2.2 摩擦接合面の処理

塗装橋の場合，高力ボルト連結部の摩擦接合面の処理として無塗装を基本としているものの，現場塗装開始前までのさびの発生防止と摩擦接合面の清掃作業の容易性，またさび汁が周辺の上塗り塗膜を汚す恐れがあるため，無機ジンクリッチペイントの塗付を適用している。

ここで，耐候性鋼橋梁の場合においては箱げたの内面，けた端部などに部分塗装をするのがよいとなっているが，耐候性鋼橋梁の塗装部は塗膜の汚れの補修塗装は比較的容易であり，一般外面は無塗装であるため外面の塗膜の汚れを考える必要がないといえる。したがって，耐候性鋼橋梁の高力ボル

ト連結部の摩擦接合面は無塗装とする事例も見られる。ただし，摩擦接合面を無塗装とする場合には所要のすべり係数を確保するため，現場接合前に摩擦接合面の浮きさび，油，泥などの汚れを十分に除去するなどの配慮が必要である。

また，連結板の大型化や架設期間，保管期間が長い場合，架橋環境が厳しい場合，耐候性鋼用表面処理剤を塗付する場合などは，箱げた内面塗装の著しい汚れへの懸念や摩擦接合面の清掃作業の容易性などを勘案し無機ジンクリッチペイントの使用を検討する必要がある。なお，無機ジンクリッチペイントを塗付する場合においては，製作手順によっては摩擦接合面のみを部分的に製品ブラストする必要が生じる場合があり，塗装橋に較べ製作が煩雑となる場合がある。

なお，高力ボルトの使用に当たっては，便覧に記載されている耐候性鋼力ボルトの他には，耐候性鋼用表面処理剤の種類によっては表面処理を施した高力ボルトを使用することがあることや，ニッケル系高耐候性鋼材の場合は鋼材の機能に対応した高力ボルトがあることに注意が必要である。

2.2.3　上フランジ上面と床版コンクリート接触面の処理

主げた上フランジなどのコンクリート接触面については，塗装橋の場合と異なりさび汁による塗膜面の汚れを考慮する必要がないことから基本的には無塗装でよい。ただし，連結板の摩擦接合面の処理と同様，架設期間，保管期間が長い場合や耐候性鋼用表面処理剤を塗付する場合などは，浮きさび除去の容易性，表面処理剤塗布面への汚れに配慮し無機ジンクリッチペイントの塗付を検討するのがよい。

第3章　維持管理

3.1　さびの状態と評価事例

3.1.1　さびの状態評価技術

便覧では「さびの状態の指標として外観，腐食量，さびの構造や物性の各側面から表す試みがなされている」とした上で，「維持管理においてはその利便性から主たる指標を『外観評点』とするのが合理的である」とし，さらに「一方で，外観による評価の信頼性をより高めるためには，他の定量的な指標と外観を関連付けたり，他の指標による評価と総合的に判断するなど，評価体系を充実させることが望まれる。」と課題を示したうえで外観観察によるさび評価について示されている。

紀平ら[5]はさび外観，さび厚，イオン透過抵抗，フェロキシル斑点，電気化学的電位，さびのX線分析結果を指標として，環境条件に支配されている耐候性鋼の腐食状態を見極める考え方と具体的方法論を体系化し，さびの状態評価技術群を提言している。

ここで提言された技術群の参考事例として，実際の追跡点検事例から外観調査の経時変化，電位とさび厚の関係，電位と外観評価の関係，また別の調査事例からイオン透過抵抗値と外観調査の関係について付属資料において紹介する。

3.1.2　うろこさびのさび厚評価事例

実橋梁におけるさび厚の経年変化の測定例を**図－Ⅲ.3.1**に示す。図中のプロットは実測値を示している。腹板は評点4の良好な状態であり，経年によるさび厚の変化は少ない。一方，下フランジではさび厚が大きく変動しており，特に評点2に相当するうろこさびが発生している下フランジ上面での変動が大きい（**写真－Ⅲ.3.1**）。これは，うろこさびが成長する過程ではさび厚は増加するが，ある一定以上の大きさに成長すると剥離して風雨により脱落することになるため，さび厚は周期的に変化するものと考えられる。このため，風雨による洗い流し効果の大きい箇所や，重力の影響を受けるフランジ下面では剥離したさびは脱落しやすく，成長・脱落のサイクルは下フランジ上面に比べて短くなるものと考えられる。このようなさびの状態毎のさび厚の経時変化の概念図を**図－Ⅲ.3.2**に示す。

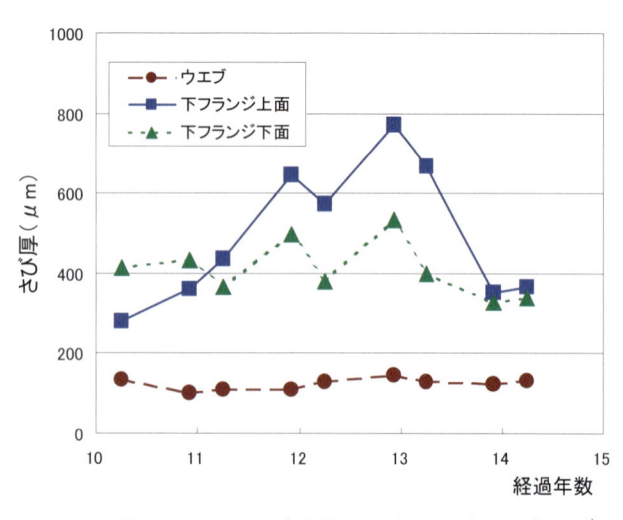

図－Ⅲ.3.1　実橋梁のさび厚経年変化[6] 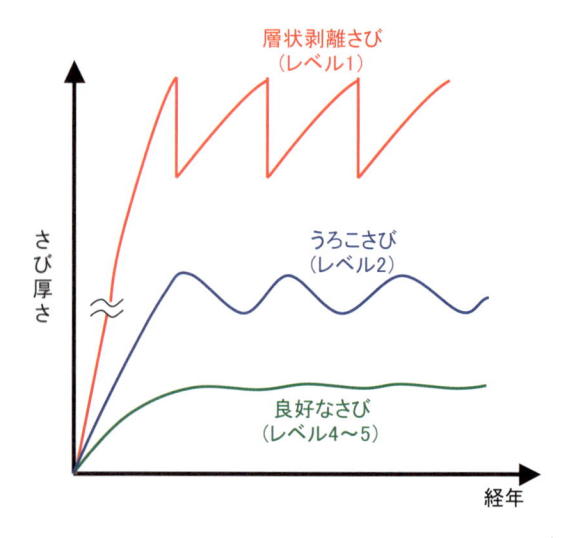　　　図－Ⅲ.3.2　さび厚経年変化の概念図[6]

うろこさびが脱落した跡においては，黄色味がかった色調のむらが現れる場合が多く，良好なさび状態に比べると凹凸が大きいことが観察される（**写真－Ⅲ.3.2，写真－Ⅲ.3.3**）ことから，このような点に留意して正しい評価を行うことは可能であるが，うろこさび発生箇所においては，定期的に観察し状態を記録することが最も重要である。

写真－Ⅲ.3.1 同一箇所（下フランジ上面）のさび外観の変化事例[7]

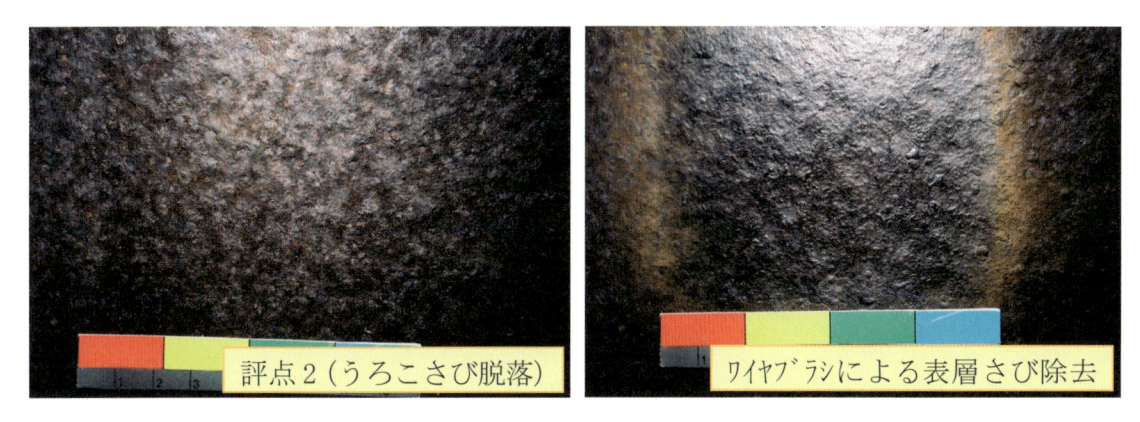

写真－Ⅲ.3.2 評点2の下フランジ上面の凹凸状況[7]

写真－Ⅲ.3.3 評点3の下フランジ上面の凹凸状況[7]

　このように，さびの状態や板厚の減少から要観察と判定された場合の対応については研究事例[7]もあるので参照するのがよい。

3.2 維持補修

3.2.1 部分塗装の事例

2.1.1 で紹介したような，床版からの部分的な漏水に対して部分塗装で補修した事例を紹介する。損傷状況は，**図－Ⅲ.3.3** に示す橋梁において，路下（グラウンド）にさび片が落下したものである。さび片落下後に橋面防水工を実施したものの，経過観察の結果漏水や腐食の進行が認められたことから，部分塗装を施すこととしたものである。塗装前の点検において，さび外観評点は 1～2 であった。また主げた・横げたの一部では断面欠損が認められたが，安全性に影響を及ぼす程度のものではなかった。

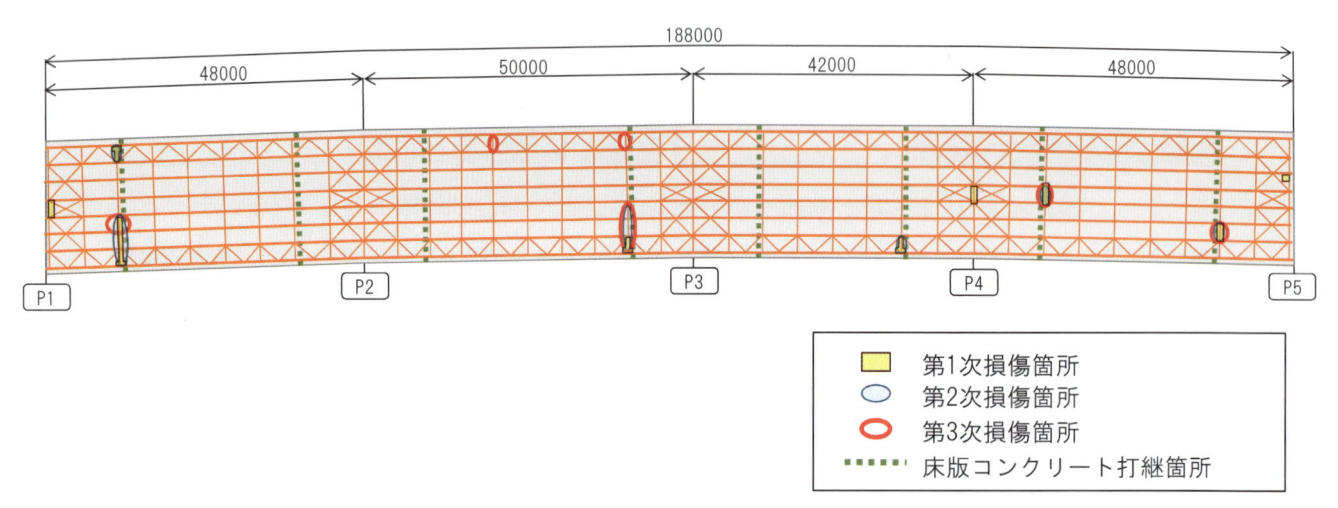

図－Ⅲ.3.3 損傷箇所図

補修範囲は，全面塗装（約 13,000 m²），部分塗装（200～600 m²）で比較検討の結果，**図－Ⅲ.3.4** 及び**写真－Ⅲ.3.4** に示すように損傷箇所近傍のみ最小限の範囲で部分塗装を施し，追跡調査を継続することとした。ここで塗装仕様は塗替え塗装仕様の Rc-Ⅲ塗装系に準じた。

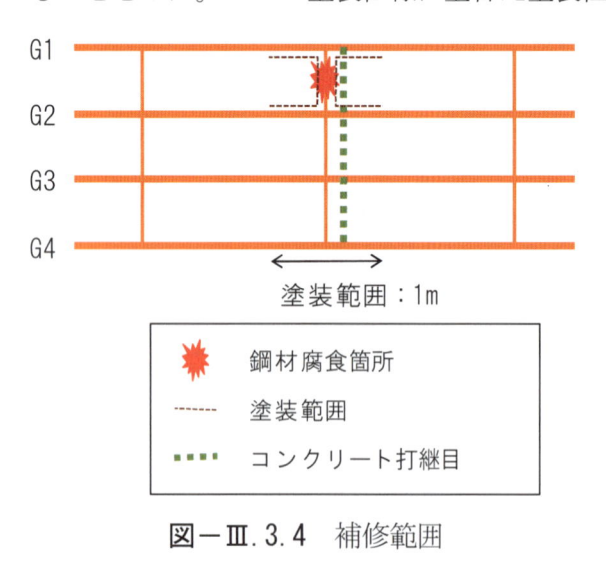

図－Ⅲ.3.4 補修範囲　　　**写真－Ⅲ.3.4 補修状況**

3.2.2 部材取替の事例

　前項で示した部分塗装補修は，発見が早期で断面欠損が軽微である場合や，漏水が限定的である場合に有効であるが，けた端部などで漏水が限定的とは言い難く，既に断面欠損が進行しているような場合では部材の取替を検討する必要がある。ここでは冬季に凍結防止剤が多量に散布される単径間上路トラス橋（**図－Ⅲ.3.5**）において，けた端部の部材を取り替えた事例について紹介する。

a) 橋梁形式
・鋼単純上路トラス，スノーシェルター付き
・支間長：72.8m

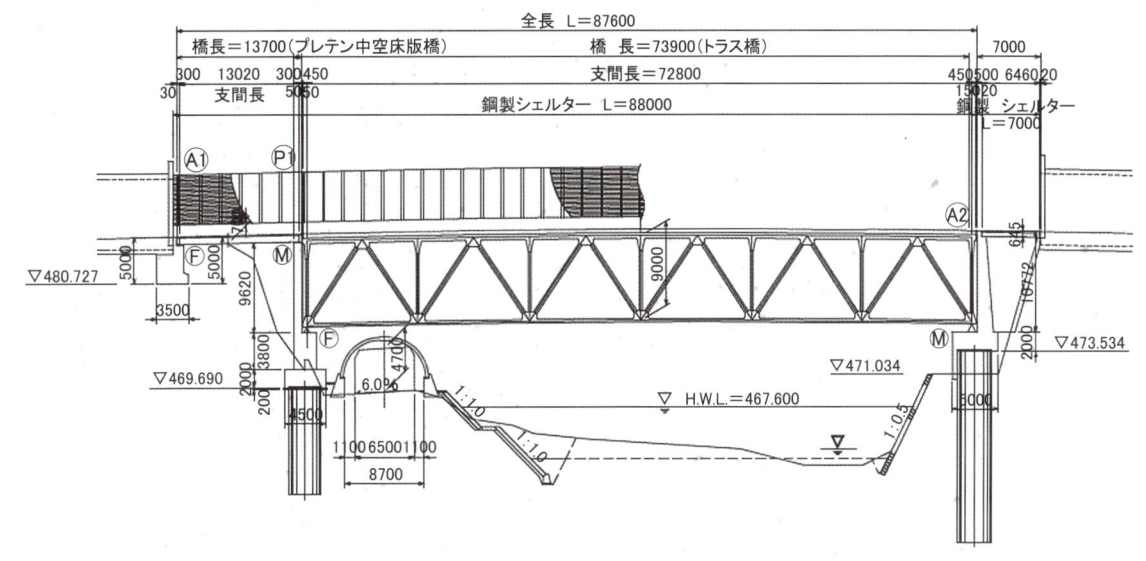

図－Ⅲ.3.5　部材取替対象橋梁

b) 損傷状況

　当該橋梁は積雪地帯に位置し，冬季は多量の凍結防止剤を散布する。また，路面勾配は径間中央側が高くけた端側が低い凸型の縦断勾配をもち，路面排水は伸縮継手手前の両路肩に設けられた排水枡より路下に排水されることとなっていた。ところが舗装オーバーレイを施工した際に排水枡を塞ぎ，本来の排水機能が失われた。さらに伸縮継手の非排水構造も損傷していたため，凍結防止剤の塩分を含む漏水が伸縮継手部より生じ，けた端部の部材を腐食させたものである。部材のうち特に腐食が激しいのは，部材のコーナー部や添接板，ボルト部など水の溜まりやすいところであった。コーナー部およびボルトの腐食状況を**写真－Ⅲ.3.5**，**写真－Ⅲ.3.6**に示す。

写真－Ⅲ.3.5　コーナー部の腐食状況 　　　**写真－Ⅲ.3.6　ボルトの腐食状況**

c) 補修方針

調査の結果，トラス端の部材で断面欠損が見られ，応力照査の結果許容応力を超過することが明らかとなったため，部材の取替を実施することとした。**図－Ⅲ.3.6** にP1橋脚側桁端部の補修範囲，内容を示す。

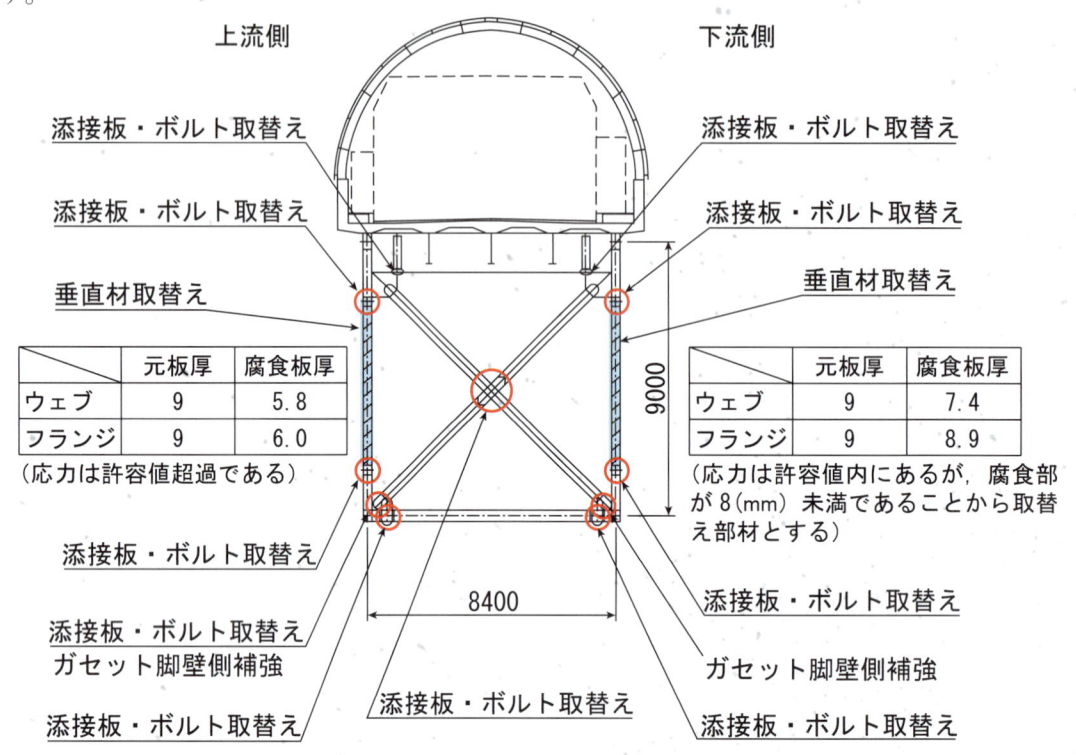

図中の表（上流側）:

	元板厚	腐食板厚
ウェブ	9	5.8
フランジ	9	6.0

（応力は許容値超過である）

図中の表（下流側）:

	元板厚	腐食板厚
ウェブ	9	7.4
フランジ	9	8.9

（応力は許容値内にあるが，腐食部が8(mm)未満であることから取替え部材とする）

図－Ⅲ.3.6 補修内容・範囲

d) 施工

取替部材がけた端部であるため，橋台パラペット上に設置したベントにより上構を支持し，交通を解放した状態で部材取替を実施した（**写真－Ⅲ.3.7～写真－Ⅲ.3.9**）。取替範囲は連結部間とし，部材の他に腐食の著しい添接板およびボルトも交換した。

写真－Ⅲ.3.7 補修状況

写真－Ⅲ.3.8 補修トラス端部材取替前　　　写真－Ⅲ.3.9 補修トラス端部材取替状況

【参考文献】
1) 麓興一郎，宮崎正男，小澤一誠，畑中章秀：新型延長床版の既設橋への適用と設計，鋼構造論文集，Vol.14 No.56, pp.1-16, 2007.12
2) 社団法人日本鋼構造協会：耐候性鋼橋梁の可能性と新しい技術, JSSCテクニカルレポート, No.73, 2006.10
3) 独立行政法人北海道開発土木研究所，社団法人日本橋梁建設協会，社団法人日本鉄鋼連盟：無塗装耐候性鋼橋の劣化判定基準法に関する研究報告書，2004.3
4) 松崎靖彦，大屋誠，安食正太，武邊勝道，麻生稔彦："さび安定化補助処理された耐候性鋼橋梁の腐食実態と評価法に関する一考察"，土木学会論文集F，Vol.62, No.4, pp.581-591, 2006.
5) 紀平寛，塩谷和彦，幸英昭，中山武典，竹村誠洋，渡辺祐一：耐候性さび安定化評価技術の体系化，土木学会論文集，No.745/I-65, pp.77-87, 2003.
6) 三浦正純，和田雄基：要観察を示すさび(うろこさび)の生成と経過，第160回腐食防食シンポジウム資料, pp.31-34, 2007.7
7) 社団法人日本鋼構造協会：耐候性鋼橋梁の適用性評価と防食予防保全, JSSCテクニカルレポート, No.86, 2009.9

付属資料

付Ⅲ－1.　外観評点と電位・さび厚 ・・・・・・・・・・・・・・・・・　Ⅲ－18
付Ⅲ－2.　外観評点とイオン透過抵抗 ・・・・・・・・・・・・・・・・　Ⅲ－19

付属資料では，先述の提言されたさびの状態評価技術群[1]の参考事例として，実際の追跡点検事例から電位とさび厚の関係，電位と外観評価の関係[2]，また別の調査事例からイオン透過抵抗値と外観評価の関係[3]について紹介する。

付Ⅲ-1. 外観評点と電位・さび厚

阪神高速道路北神戸線では平成10年に開通した区間において耐候性鋼橋梁を全面的に採用した。本路線は六甲山地の北側に位置するため，常時の飛来塩分は殆ど無いものの，冬季において低温時のみ融雪剤を散布する環境にある。ここでは供用後より5橋梁34測点について平成12年（供用2年後），平成15年（供用5年後），平成17～18年（供用7～8年後），平成20年（供用10年後）に追跡調査[4]～[7]を実施している。調査項目は外観調査，電位測定，さび厚測定などである。

外観評点と電位・さび厚の関係を平成15年（供用5年後）点検データおよび平成17～18年（供用7～8年後）点検データについて整理したものを付図-Ⅲ.1.1及び付図-Ⅲ.1.2に示す。平成17～18年（供用7～8年後）点検データは平成15年（供用5年後）点検データと比較して電位・さび厚ともバラツキの範囲が一定化しており，経年とともに外観評点との相関性が改善していることがわかる。ただ，電位の範囲だけでさび層の状態を判定しようとすると，本調査により得られたデータではおよそ±80mVの範囲のバラツキ範囲を有する中央値-80mV以上が閾値となるが，外観評点2と3との明確な分離は難しい。

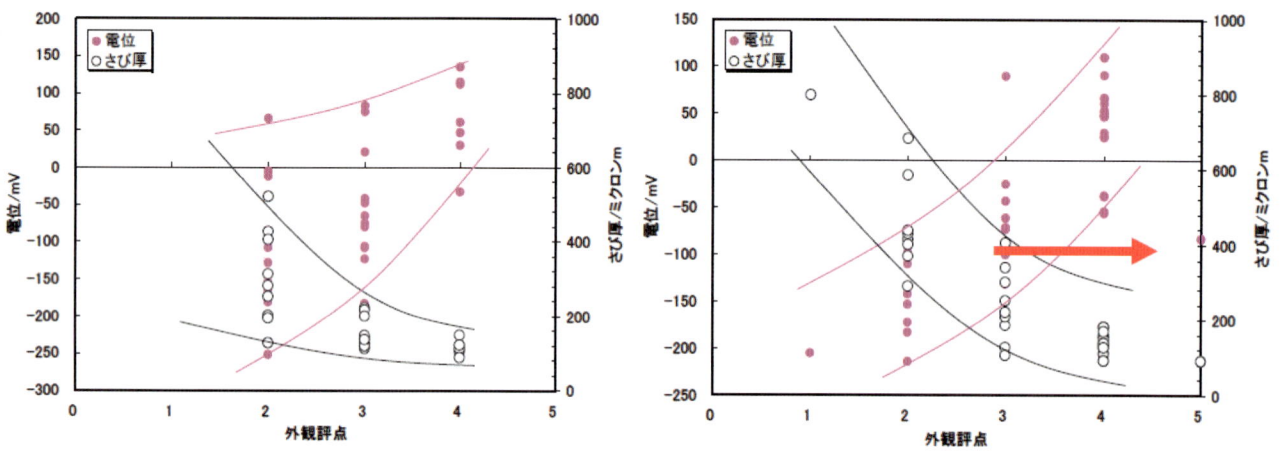

付図-Ⅲ.1.1　外観評点と電位・さび厚の関係（供用5年目データ）[5]

付図-Ⅲ.1.2　外観評点と電位・さび厚の関係（供用7～8年目データ）[6]

次にさび厚と電位の関係を供用2年後，5年後，7～8年後，供用10年後点検データについてそれぞれ整理したものを付図-Ⅲ.1.3～付図-Ⅲ.1.6に示す。図中にプロットされる数字は外観評点を示す。また図中に示される区域E-1～E-5は紀平ら[1]の提案する評価区分である。

付図-Ⅲ.1.3より供用2年後の時点では，各測点の差はほとんどなく，すべてマイナス側（活性なさび層）であることがわかる。しかし，付図-Ⅲ.1.4より供用5年後になると電位に変化が生じ，+100mVから-250mVまで幅が広がり，さび厚にも変化が生じる（さび厚が増加する）。この時うろこさびを生じたものは外観評点2と判定したが，電位法による評点付け目安図ではE-4となり評点4に相当する傾向となった。付図-Ⅲ.1.5の供用7～8年後になるとさび厚が増加するため，目安図区分とほぼ一致するが，電位はあまり低下しない。これは，さび厚が400μmを超えると，電位計測時に用い

Ⅲ-18

る電解液が浸透しにくくなることが考えられる。**付図－Ⅲ.1.6**の供用10年後では，外観評点2と判定された全ての箇所について電位法による評点付け目安図でも一致する結果となった。

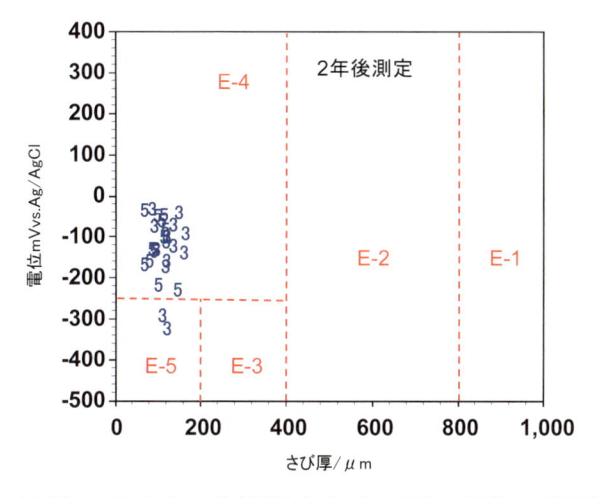

付図－Ⅲ.1.3　外観評点とさび厚・電位の関係
（供用2年目データ）[8]

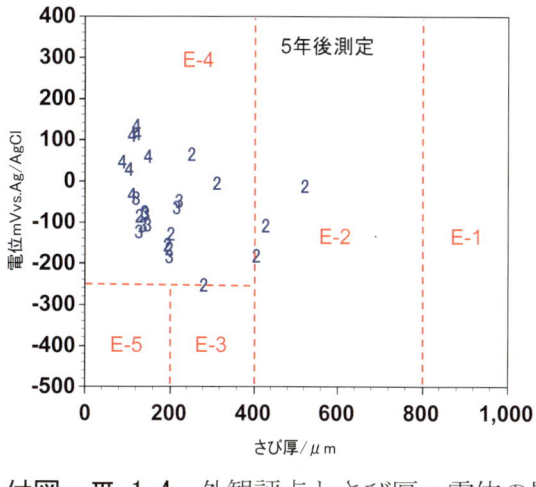

付図－Ⅲ.1.4　外観評点とさび厚・電位の関係
（供用5年目データ）[8]

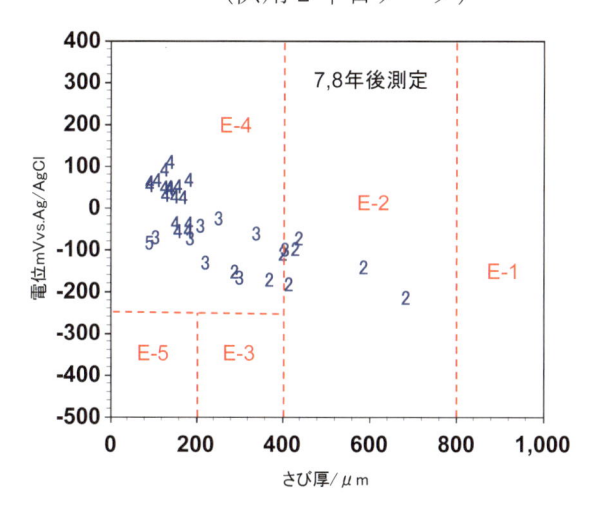

付図－Ⅲ.1.5　外観評点とさび厚・電位の関係
（供用7～8年目データ）[8]

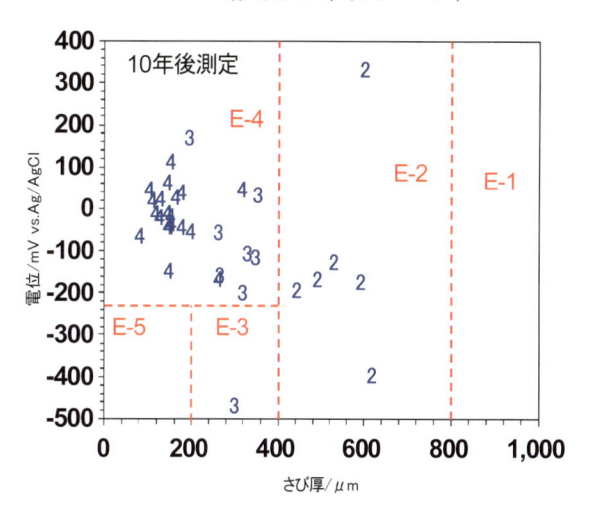

付図－Ⅲ.1.6　外観評点とさび厚・電位の関係
（供用10年目データ）[8]

付Ⅲ－2．外観評点とイオン透過抵抗

　イオン透過抵抗と外観評点の関係については，前項までに紹介した阪神高速北神戸線における調査ではデータが得られていないが，他の国内山間部に位置する道路橋において建設後18年経過した時点のデータが得られている[9),10)]ので紹介する。対象橋梁は4主Ⅰげたで，冬季に凍結防止剤が散布されるものの，腐食環境はマイルドとされる。ここで**付図－Ⅲ.2.1**に示すように橋台部及び橋脚部において①～⑫の測定点において外観評価及びイオン透過抵抗の測定を行った。測定中の写真を**付写－Ⅲ.2.1**に示す。

　計測の結果を紀平ら[1)]の提案する評価区分に従いプロットしたものを**付図－Ⅲ.2.2**及び**付図－Ⅲ.2.3**に示す。**付図－Ⅲ.2.2**中の①～⑫は**付図－Ⅲ.2.1**の測定点に対応する。また，**付図－Ⅲ.2.3**中にプロットされる数字（3及び4）は目視による外観評価点を示す。

付図－Ⅲ.2.2 より雨水洗浄効果のある外げた面では，保護性の高いさびが形成され（I-4），内げたではいわゆる未成長さび状態（I-5, I-3）であることがわかる。また**付図－Ⅲ.2.3** よりさび厚とイオン透過抵抗値の関係から判定されるさびの状態と目視から判定されるさびの状態とは概ね合致することがわかる。

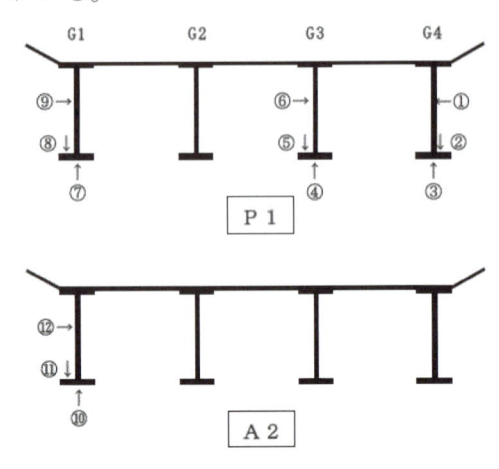

付図－Ⅲ.2.1　イオン透過抵抗値測定位置[9]

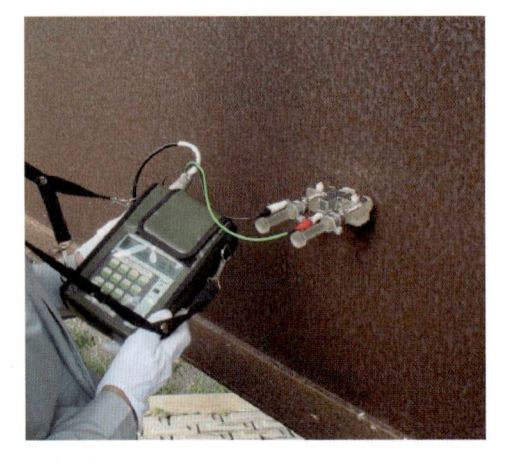

付写－Ⅲ.2.1　イオン透過抵抗値測定位置[9]

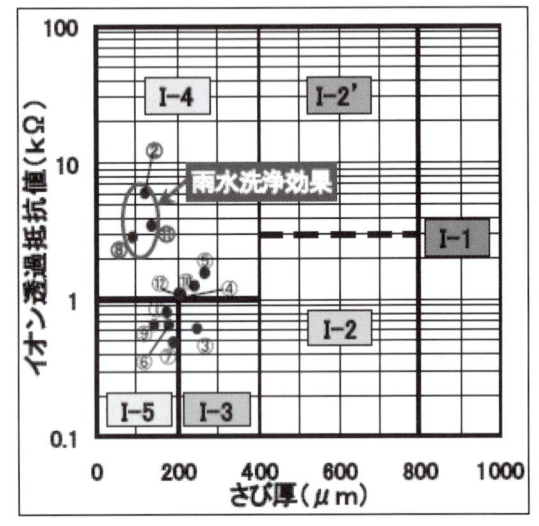

付図－Ⅲ.2.2　さび厚・イオン透過抵抗値と測定位置の関係[9]

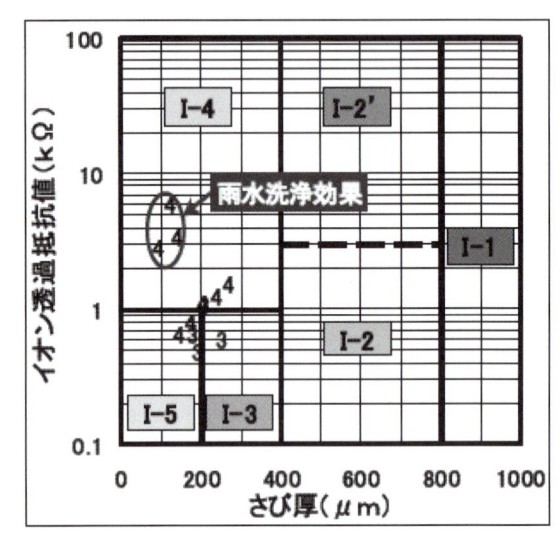

付図－Ⅲ.2.3　さび厚・イオン透過抵抗値と外観評価点の関係

耐候性鋼用表面処理剤を施した耐候性鋼橋梁や通常の塗装橋梁においてこのイオン透過抵抗値を計測したところ，塗膜の劣化に伴いイオン透過抵抗値が減少することが確認された[10]ことから，塗膜の健全度の判定にも本手法の応用が提案されている。

【参考文献】

1) 紀平寛, 塩谷和彦, 幸英昭, 中山武典, 竹村誠洋, 渡辺祐一：耐候性さび安定化評価技術の体系化, 土木学会論文集, No.745/I-65, pp.77-87, 2003.
2) 鹿島和幸, 岸川浩史, 幸英昭, 原修一, 神谷光昭：耐候性鋼さび層の安定化評価法とその実構造物への適用, 材料と環境'99, A-107, pp.25-28, 1999.
3) 紀平寛：耐候性鋼上の安定さび形成状況評価と診断, 材料と環境, Vol.48, pp.697-700, 1999.
4) 阪神高速道路公団：平成12年度北神戸線無塗装耐候性橋梁追跡調査報告書, 2001.3
5) 阪神高速道路公団：平成15年度北神戸線無塗装耐候性橋梁追跡調査報告書, 2004.3
6) 阪神高速道路株式会社：平成18年度北神戸線無塗装耐候性橋梁追跡調査報告書, 2007.3
7) 阪神高速道路株式会社：平成20年度北神戸線無塗装耐候性橋梁追跡調査報告書, 2009.3
8) 宇都宮光治, 奥尾政憲：無塗装耐候性橋梁のさび安定化に関する追跡調査, 土木学会第64回年次学術講演会講演概要集, pp.113-114 土木学会, 2009.9 より編集
9) 今井篤実, 立花仁, 紀平寛：耐候性鋼のさび環境遮断性能診断装置を用いた診断事例, 第24回防錆防食技術発表大会講演予稿集, 日本防錆技術協会, pp.107-110, 2004.7
10) 今井篤実, 立花仁, 松本洋明, 紀平寛：鋼構造物の腐食診断と新しい補修塗装工法の提案(1)－イオン透過抵抗法を用いた鋼橋の劣化診断－, 第29回鉄構塗装技術討論会, 2006.10

第Ⅳ編　溶融亜鉛めっき編

第Ⅳ編　溶融亜鉛めっき編

目　次

第1章　防食設計及び構造設計上の留意点 ···················· Ⅳ－1

 1.1　防食法 ·· Ⅳ－1
  1.1.1　溶融亜鉛めっきの付着量 ································ Ⅳ－1
  1.1.2　溶融亜鉛－アルミニウム合金めっき ····················· Ⅳ－1
  1.1.3　溶融亜鉛めっき面塗装 ·································· Ⅳ－4
 1.2　構造設計上の留意点 ··· Ⅳ－5
  1.2.1　F10T 溶融亜鉛めっき高力ボルト ························ Ⅳ－5
  1.2.2　F8T 溶融亜鉛－アルミニウム合金めっき高力ボルト ······ Ⅳ－6
  1.2.3　密閉構造の禁止 ·· Ⅳ－7
  1.2.4　開口率 ·· Ⅳ－8

第2章　防食施工の留意点 ··· Ⅳ－9

 2.1　製作・施工上の留意点 ··· Ⅳ－9
  2.1.1　変形防止用拘束材 ·· Ⅳ－9
  2.1.2　スィープブラスト処理 ·································· Ⅳ－10
 2.2　めっき施工 ··· Ⅳ－11
  2.2.1　溶融亜鉛めっき施工工程 ································ Ⅳ－11
  2.2.2　溶融亜鉛めっきの二次加工 ····························· Ⅳ－11

第3章　維持管理の留意点 ··· Ⅳ－14

 3.1　補修事例 ··· Ⅳ－14
 3.2　初期点検時の異常 ··· Ⅳ－15
 3.3　素地調整不良による異常 ······································ Ⅳ－16
 3.4　部材の劣化度評価 ··· Ⅳ－16

第1章　防食設計及び構造設計上の留意点

1.1　防食法

1.1.1　溶融亜鉛めっきの付着量

　溶融亜鉛めっきの付着量は，鋼材の材質や化学成分などと，めっき作業の処理条件が相互に影響する。JIS H 8641（溶融亜鉛めっき）に付着量が規定されており，それぞれの付着量が得られる板厚の適用例を示している。薄い鋼材に高付着量を，厚い鋼材に低付着量を要求するのは適切でないことを示している。

　図－Ⅳ.1.1は，浸せき時間によるめっき付着量を鋼材の板厚で比較した実験結果である。実験結果は，鋼材の板厚が厚い方が付着量は多く，一定の浸せき時間を超えると付着量の伸びは小さくなることを示している。

　高付着量を得るために浸せき時間を長くしてめっきを行うと，めっき皮膜中のζ層（ツェータ）が過発達した組織となる。ζ層の結晶は柱状組織を呈しており，結合が弱いために脆く，加工などでき裂を生じやすい。

　すなわち良好なめっき品質を確保するためには，板厚に対応した適正な付着量を規定することが必要となる。

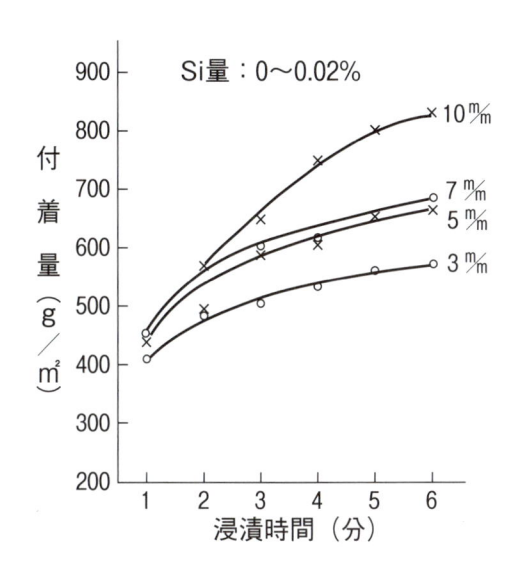

図－Ⅳ.1.1　鋼材の板厚と浸せき時間による溶融亜鉛めっき付着量 [1]

1.1.2　溶融亜鉛－アルミニウム合金めっき

(1) 特徴

　大型のめっき槽が無いため，橋梁本体への適用例は無いが，塩害地域，凍結防止剤使用の道路等，過酷な腐食環境下の高欄，落下防止柵，検査路等の付属物に，溶融亜鉛－アルミニウム合金めっきが用いられるようになってきた。

　図－Ⅳ.1.2に示すように，溶融亜鉛めっきに比較して腐食減量が少ないため，耐食性の向上が認められる。めっき費用は増加するものの腐食環境下での耐久性が溶融亜鉛めっきより優れているため，LCCを考慮すると十分な経済効果が期待できる。

　合金めっきは第一浴を高純度亜鉛，第二浴を亜鉛－アルミニウム合金浴に浸せきする二浴法でめっきを行う例が多い。第二浴の組成が5%Al-Znの2成分のもの，

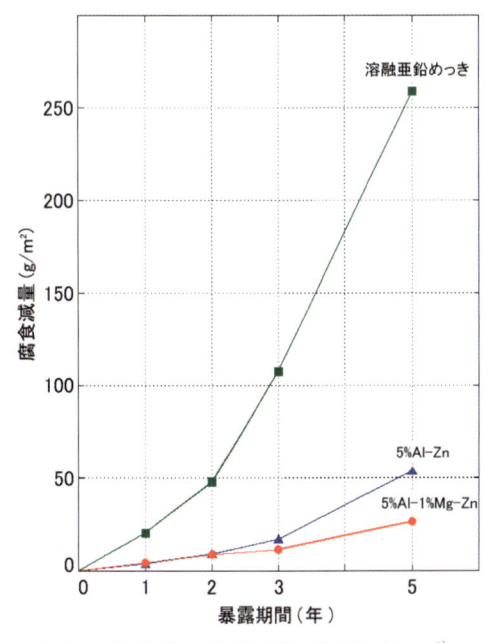

図－Ⅳ.1.2　腐食減量経年変化 [2]

5%Al-1%Mg-Zn の3成分のものがある。**図－Ⅳ.1.3**に溶融亜鉛めっきおよび5%Al-1%Mg-Zn合金めっきの成分分布を示す。合金めっきの組織は，表層部ではほぼ浴組成と同じであり，素地に近いほどAlが多く分布していることがわかる。**図－Ⅳ.1.4**に溶融亜鉛－アルミニウム合金めっきの施工手順を示す。(社)日本溶融亜鉛鍍金協会では溶融亜鉛-5%アルミニウム合金めっきの規格[3]を**表－Ⅳ.1.1**のように定めている。

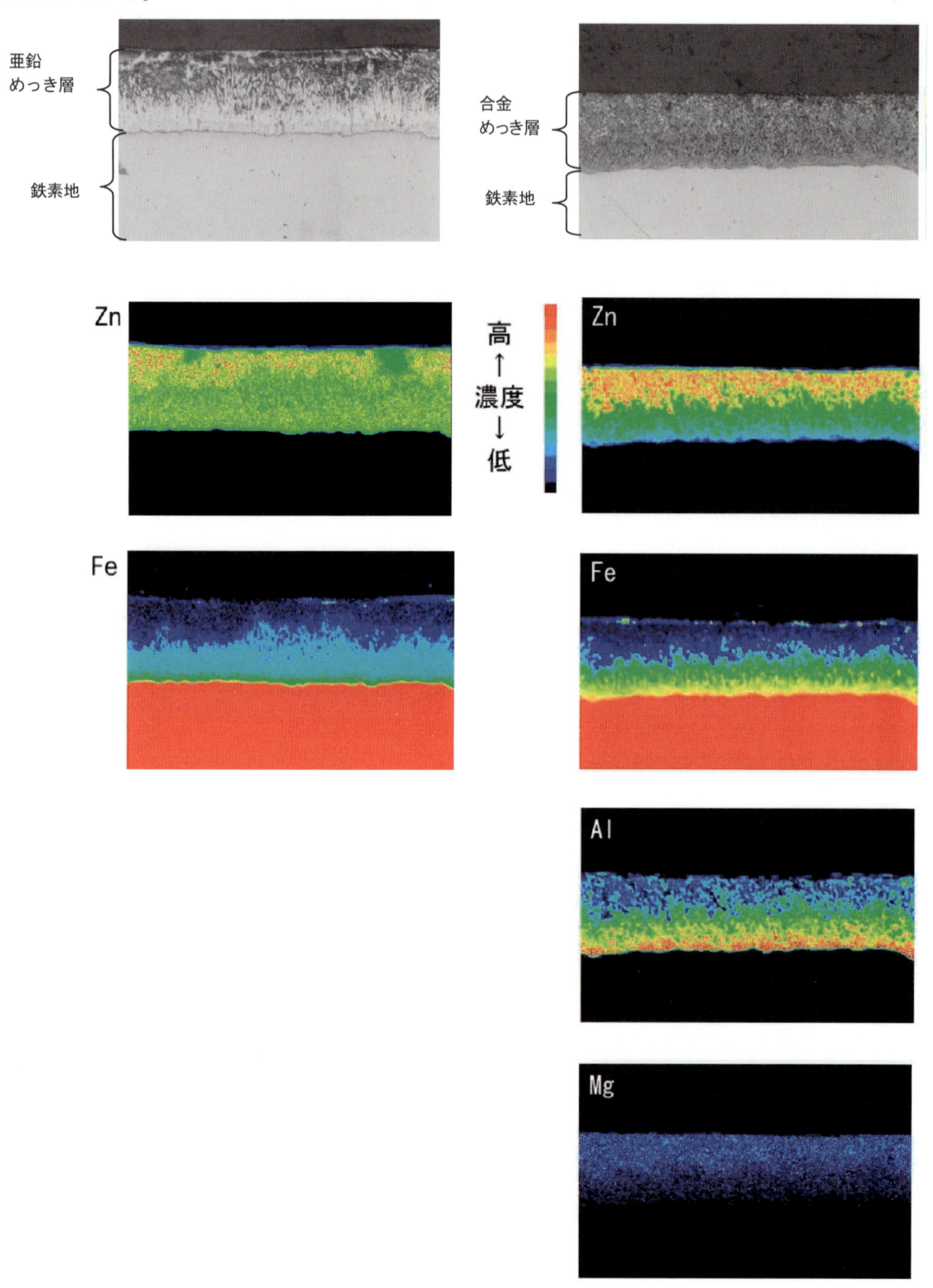

図－Ⅳ.1.3 亜鉛めっきと5%Al-1%Mg-Zn合金めっきの成分分布

脱脂 → 酸洗 → フラックス処理 → 一浴めっき → 二浴めっき → 冷却 → 検査

図-Ⅳ.1.4　二浴式合金めっきの製造工程例

表-Ⅳ.1.1　溶融亜鉛-5%アルミニウム合金めっき付着量

種類の記号	付着量 g/m²	適用例(参考)
HZA 25	250 以上	厚さ1.6 mm以上3.2 mm以下の鋼材・鋼製品,鋼管類
HZA 35	350 以上	厚さ3.2 mmを超える鋼材・鋼製品,鋼管類及び鋳鍛造品類。

注1)　厚さ1.6 mm未満の鋼材・鋼製品・鋼管類,ボルト・ナット及び座金類の場合は,事前に受渡当事者間で協議する。

注2)　表中,適用例の欄で示す厚さは,呼称寸法による。

(2) 適用例

　溶融亜鉛-アルミニウム合金めっきの適用例を**写真-Ⅳ.1.1～写真-Ⅳ.1.4**に示す。

写真-Ⅳ.1.1　ガードレール(1)

写真-Ⅳ.1.2　ガードレール(2)

写真-Ⅳ.1.3　鋼製排水溝

写真-Ⅳ.1.4　防護柵用ボルト・ナット

1.1.3　溶融亜鉛めっき面塗装

　溶融亜鉛めっきの外観は金属亜鉛の色彩に限定される。初期の光沢がある銀白色から経年変化により灰色から濃い灰色に変色する。めっき面塗装は，主に厳しい環境への耐久性保持を目的として行われるが，周辺環境との色彩調和や環境美化のために行われる場合もある。また，初期の溶融亜鉛めっきの光沢による光の反射が鮭の遡上を妨げる恐れがあるとして塗装された例もある。**写真－Ⅳ.1.5**はめっきしたIげた橋において，前後の工区と色彩を合わせるために，外げたの外面と下フランジ下面のみ塗装した例である。**写真－Ⅳ.1.6～写真－Ⅳ.1.8**は落下物防止柵等，付属物にめっき面塗装を行った事例である。

写真－Ⅳ.1.5　外面のみ塗装しためっきげたの架設状況

写真－Ⅳ.1.6　落下物防止柵

写真－Ⅳ.1.7　防護柵

写真－Ⅳ.1.8　標識柱

1.2 構造設計上の留意点

1.2.1 F10T溶融亜鉛めっき高力ボルト

(1) F10T溶融亜鉛めっき高力ボルトを使用した橋梁

摩擦接合用の溶融亜鉛めっき高力ボルトは，遅れ破壊，ボルトの材質等の影響からF8Tを使用することが標準となっている。一方，クロムモリブデン鋼を使用したF10T溶融亜鉛めっき高力ボルトを適用した事例もあり，適用橋梁の全景と連結部を**写真-Ⅳ.1.9**，**写真-Ⅳ.1.10**に示す。F10T溶融亜鉛めっき高力ボルトを適用した橋梁は最長で20年以上経過しているが，これまでのところ遅れ破壊の報告はない。

写真-Ⅳ.1.9 F10T溶融亜鉛めっき高力ボルトを使用した橋梁（17年経過時）

写真-Ⅳ.1.10 F10T溶融亜鉛めっき高力ボルトを使用した橋梁（1年経過時）

(2) 遅れ破壊試験結果

図-Ⅳ.1.5にJIS原案法によるF10T溶融亜鉛めっき高力ボルトの遅れ破壊試験の結果を示す。JIS原案法による促進試験の結果では，めっき前の遅れ破壊限度は1,715N/mm^{2}で応力比は0.79であり，めっき後の遅れ破壊限度は1,669N/mm^{2}で応力比は0.78であった。ほぼ同等の値で安全域とされる0.6以上の値であった。JIS原案法と併せて行った促進暴露試験の結果から，遅れ破壊は生じなかった。

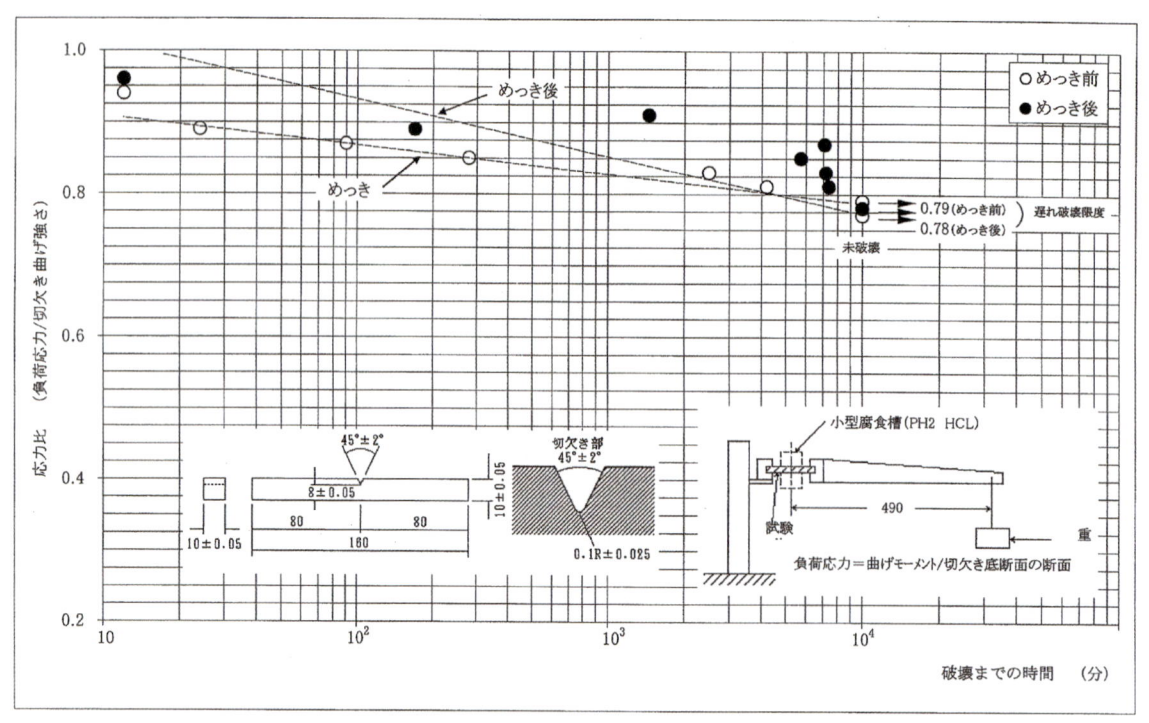

図－Ⅳ.1.5 JIS原案法[4]による遅れ破壊試験結果[5]

1.2.2 F8T溶融亜鉛－アルミニウム合金めっき高力ボルト

溶融亜鉛めっきに比較して耐食性の向上が認められる溶融亜鉛－アルミニウム合金めっきを用いた高力ボルトが開発されている。機械的性質は確認されているが，遅れ破壊について確認されていないため，使用実績はない。現在塩分環境下で暴露試験を行い，腐食状況，遅れ破壊の発生について確認を行っている。

5年経過した暴露試験状況を**写真－Ⅳ.1.11**，**写真－Ⅳ.1.12**に示す。溶融亜鉛めっき高力ボルトを締め付けた試験体は，溶融亜鉛めっきされた連結板と同様に乳白色の腐食生成物が厚く固着している。溶融亜鉛－アルミニウム合金めっき高力ボルトを締め付けた試験体は，合金色の濃い灰色を呈しており，腐食生成物の生成が少ない状態である。

写真－Ⅳ.1.11 暴露試験状況
F8T溶融亜鉛めっき高力ボルト

写真－Ⅳ.1.12 暴露試験状況
F8T溶融亜鉛－アルミニウム合金めっき高力ボルト

1.2.3 密閉構造の禁止

溶融亜鉛めっきを施す部材には，密封部や空洞部があってはならない。その理由を以下に示す。

① 鉄と亜鉛の比重の差が小さく，450℃における鉄の比重7.8に対し，亜鉛の比重は6.5である。部材を密閉構造にすると，溶融亜鉛めっき施工時に部材の浮力が大きくなり，めっき槽に部材全体を浸せきできなくなることがある。

② 密閉箇所に水分（脱脂液，酸洗液，フラックス液など）が残留していると，めっき時に急激な温度上昇，気化を伴って非常に大きな圧力となる。激しい場合は，製品を破壊し，めっき作業者に危険をおよぼす爆発事故（水蒸気爆発）になる。ボイル・シャルルの法則によれば，密閉内部の圧力は容積一定ならば，空気だけの膨張で約2～3倍，水が気化した場合は1,240倍になるので，合わせて約2,000～3,000倍の圧力に上昇する。

実際に起こった爆発例として，**写真－Ⅳ.1.13**に示すように一般構造用角形鋼管(STKR400，90×90，t 3.2)の内部圧力が上昇し，断面が鋼管状に変形し，大音響とともに破裂した例がある。このときの内圧は，形状を外径114.3 mm，t 3.2のSTK400相当と想定し，フープ応力式より237気圧（24MPa）以上と算出された。したがって，密封部や空洞部をもつ部材には，下端に溶融亜鉛が出入りする孔を，上部には空気の逃げる孔を作ることが不可欠となる。孔を設けた事例を**写真－Ⅳ.1.14**に示す。

写真－Ⅳ.1.13 密閉構造による爆発例　　**写真－Ⅳ.1.14** 孔を設けた事例(検査路手すり)

1.2.4 開口率

非分割構造の箱げたやトラス弦材のダイヤフラムの形状は浸せき速度に影響し，溶融亜鉛の流出入をスムーズに行うためには，開口部を大きく取る必要がある。非分割構造箱げたのダイヤフラム例を**写真－Ⅳ.1.15**に，アーチと垂直材かど部のスカラップ例を**写真－Ⅳ.1.16**に示す。

写真－Ⅳ.1.15 箱げたのダイヤフラム開口部例

写真－Ⅳ.1.16 アーチと垂直材かど部のスカラップ例

第2章 防食施工の留意点

2.1 製作・施工上の留意点

2.1.1 変形防止用拘束材

400℃を超えるめっき浴の中の部材は，鋼材の引張強度が低下し，常温時と比較して変形しやすくなっている。変形する要因を以下に示す。

① めっき浸せき時および冷却時の部材の部分的な温度差
② 板厚の違いなどによる部材間の熱膨張量や収縮量の違い
③ 鋼材圧延時，塑性加工時の残留応力
④ 溶接による残留応力

めっきによる変形を低減するために変形防止用拘束治具を用いる。自由端となる部分は，はらみが生じやすいので，ブレースや間隔保持材を取り付ける。連結部を利用した拘束治具は組立前に撤去するが，拘束材の残置の影響について設計段階で考慮し，部材の力学的挙動，防食，および維持管理上の観点から支障とならないことが確認できれば取り除かなくてもよい。

写真－Ⅳ.2.1および**写真－Ⅳ.2.2**にめっき時の変形防止用拘束材の例を示す。

写真－Ⅳ.2.1 Ⅰげた　拘束材取付状況　　**写真－Ⅳ.2.2** 分割箱げた変形防止用拘束材取付状況

2.1.2 スィープブラスト処理

溶融亜鉛めっき面に塗装を行う場合に塗料の付着安定性を確保したり，あるいは溶融亜鉛めっき面のすべり性能を確保する目的で，めっき面に対して軽くブラスト処理（スィープブラスト）を行う場合がある。スィープブラストによって，表面に生成される物質や付着物を除去するとともに，適度な粗さを付加させる。**写真－Ⅳ.2.3**に，スィープブラストが過剰，標準，または不足の場合の写真を示す。

写真－Ⅳ.2.3　スィープブラスト処理見本[6]

2.2 めっき施工

2.2.1 溶融亜鉛めっき施工工程

図-Ⅳ.2.1に溶融亜鉛めっきの施工工程を，**写真-Ⅳ.2.4～写真-Ⅳ.2.6**に主な工程の写真を示す。

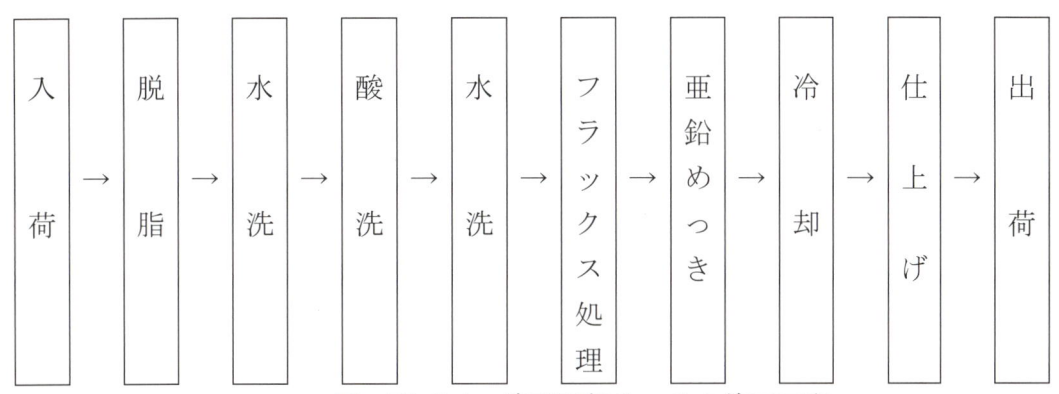

入荷 → 脱脂 → 水洗 → 酸洗 → 水洗 → フラックス処理 → 亜鉛めっき → 冷却 → 仕上げ → 出荷

図-Ⅳ.2.1　溶融亜鉛めっきの施工工程

写真-Ⅳ.2.4　脱脂工程　　　**写真-Ⅳ.2.5**　フラックス処理工程　　　**写真-Ⅳ.2.6**　冷却工程

2.2.2 溶融亜鉛めっきの二次加工

近年，溶融亜鉛めっきの二次加工として各種の化成処理方法が検討され，主にりん酸亜鉛処理が塗装鋼板の下地処理，溶融亜鉛めっきの色相付加，摩擦接合面処理に利用されている。この処理法によって，亜鉛めっき皮膜表面には難溶性のりん酸塩が析出し，通常の塗装下地の外観（ブラスト処理後のような低光沢の灰色）を示す。りん酸亜鉛処理の防食性能は溶融亜鉛めっきと同等であり，耐久性や劣化度の評価は溶融亜鉛めっきの基準を適用できる。りん酸亜鉛処理工程の一例を**図-Ⅳ.2.2**に示す。

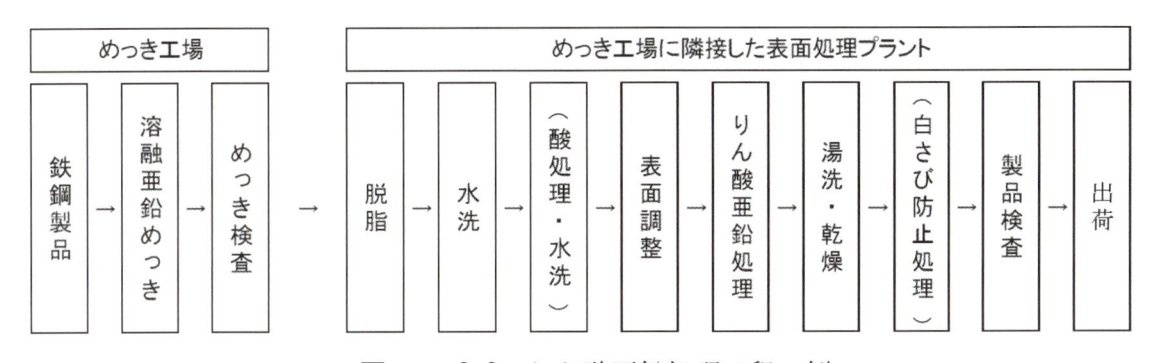

【めっき工場】鉄鋼製品 → 溶融亜鉛めっき → めっき検査 → 【めっき工場に隣接した表面処理プラント】脱脂 → 水洗 → （酸処理・水洗）→ 表面調整 → りん酸亜鉛処理 → 湯洗・乾燥 → （白さび防止処理）→ 製品検査 → 出荷

図-Ⅳ.2.2　りん酸亜鉛処理工程の例

(1) 塗装鋼板の下地処理

　景観調和，補修困難な構造物への耐久性の付与，そして厳しい腐食環境での長期耐久性の保持などを目的として溶融亜鉛めっきを施した上に塗装を施工する場合がある。その塗装の前処理として，研磨処理（パワーツール処理）やスィープブラスト処理およびりん酸塩処理がある。

　新設溶融亜鉛めっき面用外面塗装仕様（ZC-1）や同内面塗装仕様（ZD-1）では，スィープブラスト処理とりん酸塩処理が規定されているが，りん酸塩処理はめっき面よりも化学的に安定でかつ塗膜付着性が良い適度な粗さを得ることができる。

(2) 溶融亜鉛めっきの色相付加

　化成処理を行うことで，溶融亜鉛めっき表面を低光沢化，低明度化し，環境調和を図ることができる。表面に保護性でグレーの安定した色合いの化成皮膜を形成させて，無彩色の明度（マンセル値）を，N6（淡灰色），N5（灰色），N4（やや黒味がかった灰色），N3.5（黒に近い灰色）などに分けている例がある。近年は意匠にも使用された例がある。**写真－Ⅳ.2.7〜写真－Ⅳ.2.9**に適用事例を示す。

写真－Ⅳ.2.7　跨道橋への適用事例 　　**写真－Ⅳ.2.8　高欄への適用事例**

写真－Ⅳ.2.9　ペデストリアンデッキの意匠事例

(3) 摩擦接合面処理

溶融亜鉛めっきされた部材の摩擦接合面は，適切なすべり係数が得られるように十分に検討しなければならない。摩擦接合面のすべり耐力を向上させるために，ブラスト処理以外の方法として，微細で緻密なりん酸亜鉛の結晶を形成させることもおこなわれている。りん酸亜鉛処理をおこなった継手のすべり耐力の例を**表－Ⅳ.2.1**に示す。めっき表面に「たれ」や「ざらつき」，ボルト孔に「たれ」などがあると，すべり耐力を満たさないことがあるので，ヤスリやディスクグラインダーでの除去が必要である。白さび防止処理としてアクリル樹脂クリヤー塗料が塗布されている場合は，りん酸亜鉛処理剤が反応しないので処理前に溶剤などで摩擦面から除去することが必要である[7]。

処理方法は連結部に直接塗布する塗布法，連結板には塗装下地用や環境調和用と同様に浸せきする方法がある。塗布法の例を**写真－Ⅳ.2.10**に示す。

摩擦接合面の処理にりん酸亜鉛処理を行う場合は，事前に必要なすべり耐力が得られることを確認することが望ましい。

表－Ⅳ.2.1　高力ボルト摩擦接合継手すべり耐力の一例

	等級サイズ	摩擦面数	ボルト本数	締付後経過(hour)	必要すべり耐力(tonf)	試験結果(tonf)	判定	すべり係数 μ
溶融亜鉛めっき(未処理)	F8T M22×85	2	2	24h後	31.7	26.3	不合格	0.265
				72h後		27.6	不合格	0.278
りん酸亜鉛処理(浸せき法)				24h後		41.5	合格	0.418
				72h後		44.3	合格	0.447
りん酸亜鉛処理(塗布法)				24h後		44.9	合格	0.452
				72h後		45.3	合格	0.457

写真－Ⅳ.2.10　摩擦接合面の処理の例

第3章　維持管理の留意点

3.1 補修事例

(1) 塗装による補修

溶融亜鉛めっき橋の架設された環境が想定以上に厳しく，ブラストにより溶融亜鉛めっきを除去して塗装による補修を行った事例を**写真－Ⅳ.3.1**および**写真－Ⅳ.3.2**に示す。これらは補修後約10年の写真である。

写真－Ⅳ.3.1 塗装による補修の事例
（主げた内面および検査路）

写真－Ⅳ.3.2 塗装による補修の事例
（主げた外面および排水金具）

(2) 溶射等による補修

溶融亜鉛めっきの損傷に対して，金属溶射による補修を行ったけた橋の事例として，**写真－Ⅳ.3.3**に補修前の状況，**写真－Ⅳ.3.4**に縦げた増設と溶射による補修後に塗装を行った状況を示す。

また，溶融亜鉛めっきされた支承の損傷に対して溶射による補修を行うことも考えられるが，現場での溶射施工を検討する際には，便覧第Ⅴ編 3.4 溶射困難箇所を参照に，困難箇所がなく適切な溶射膜が形成できることを確認しなければならない。

写真－Ⅳ.3.3 補修前

写真－Ⅳ.3.4 縦げた増設と溶射と塗装による補修状況

(3) 取替えによる補修

　溶融亜鉛めっき部材の損傷に対して取替による補修を行った事例として，**写真－Ⅳ.3.5** に検査路の損傷状況，**写真－Ⅳ.3.6** にアルミニウム製検査路に取替えた事例を示す。本事例は離岸距離 0〜数 m の腐食環境が極めて厳しい海岸部におけるものであり，手すりや縞鋼板の腐食状態から安全性に問題があると判断して取替えに至った。橋梁付属物は部材厚が主構造よりも薄く，腐食減厚時の安全余裕が小さいと考えられることから，LCC を考慮して耐腐食素材のアルミニウムが採用された。

写真－Ⅳ.3.5 検査路の損傷状況 　　　　**写真－Ⅳ.3.6** アルミニウム製検査路に取替えた事例

3.2　初期点検時の異常

　溶融亜鉛めっき部材の損傷が初期点検時に発見された事例を**写真－Ⅳ.3.7**，**写真－Ⅳ.3.8** に示す。**写真－Ⅳ.3.7** は床版と排水枡の間にできたすき間から遊離石灰が流れ出し，排水パイプの溶融亜鉛めっきに遊離石灰が付着している事例である。また**写真－Ⅳ.3.8** は，防護柵支柱のベースプレートの周囲がシール施工されているため，ボルトのすき間から進入した水分が滞水し局部的に白さびが発生している事例である。

写真－Ⅳ.3.7 床版からの漏水による異常 　　　　**写真－Ⅳ.3.8** 防護柵支柱のめっきボルト

3.3 素地調整不良による異常

初期点検以外の異常として，スィープブラストなどによる素地調整が十分できていないため，めっき面に塗装された塗膜がはく離している状況を**写真－Ⅳ.3.9**に示す。

写真－Ⅳ.3.9 めっき面塗装のはく離

3.4 部材の劣化度評価

表－Ⅳ.3.1に一般環境での劣化度評価基準を示す。

劣化度Ⅰは，金属特有の銀白色の光沢のある外観を示し，初期のめっき皮膜の組織状態を維持している。耐食性および外観共に全く問題は認められない状況にある。**写真－Ⅳ.3.10**に劣化度Ⅰの例として支承およびⅠげたの状況を示す。これらに腐食生成物等の劣化は認められない。

劣化度Ⅱは，金属光沢のない灰黒色をしており，合金層が局部的に露出した状態である。合金層中の鉄分が水に溶け赤さびとなって付着し始めることがある状態で，残存皮膜は厚く，なお十分な耐食性を有している。**写真－Ⅳ.3.11**に劣化度Ⅱの例として腹板および支承の状況を示す。腹板には若干の腐食生成物が認められ，また支承では塵あい(埃)の堆積により劣化が若干見られる。

劣化度Ⅲは，腐食が合金層に達し，黒色から赤褐色の外観を示している。残存皮膜中に純亜鉛層はなくなり，合金層中の鉄分がさびとなってめっき表面に堆積する。ただし残存皮膜は十分あり，耐食性は問題ない。**写真－Ⅳ.3.12**に劣化度Ⅲの例として横げた腹板およびけた端部の状況を示す。横げた腹板は厚い腐食生成物に覆われており，けた端部では非排水構造の伸縮装置の破損により水漏れの影響を受けている。

劣化度Ⅳは，腐食が所々素地に達し，赤さびが混入した外観を示す。合金層の腐食が進み，全体に茶褐色を呈し，部分的には強い褐色の状態が認められる。**写真－Ⅳ.3.13**に劣化度Ⅳの例として上横構端部およびけた端部を示す。上横構端部では腐食生成物が素地から混入しており，けた端部では排水構造の漏水による劣化が見られる。

劣化度Ⅴは，鋼素地からさびが発生しており，さび汁の流れやあばた状のさびのふくれが認められ，既に防せい(錆)力はない。**写真－Ⅳ.3.14**に劣化度Ⅴの例として検査路手摺りおよび排水金物を示す。

表-Ⅳ.3.1 一般環境での劣化度評価基準

劣化度	外観状態	めっき皮膜断面	詳細
劣化度Ⅰ			金属特有の銀白色の光沢ある外観
劣化度Ⅱ			金属光沢の無い灰黒色
劣化度Ⅲ			腐食が合金層に達し,黒色から赤褐色の外観
劣化度Ⅳ			腐食が所々素地に達し鋼錆(赤錆)が混入した外観
劣化度Ⅴ			素地からの錆が露出している状態(局部的な露出を含む)

注) ──── は鋼材とめっき層の境界

(a) 支承 [8]    (b) Iげた [8]

写真－Ⅳ.3.10 劣化度Ⅰの例

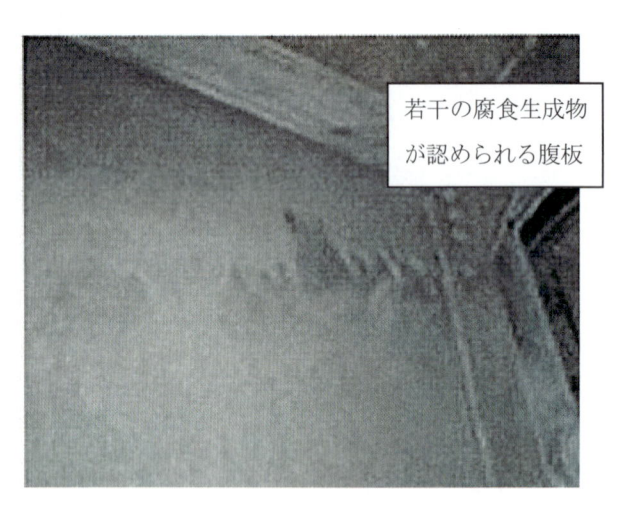

若干の腐食生成物が認められる腹板

塵あい（埃）の堆積による支承周辺の劣化

(a) 腹板 [8]    (b) 支承部 [8]

写真－Ⅳ.3.11 劣化度Ⅱの例

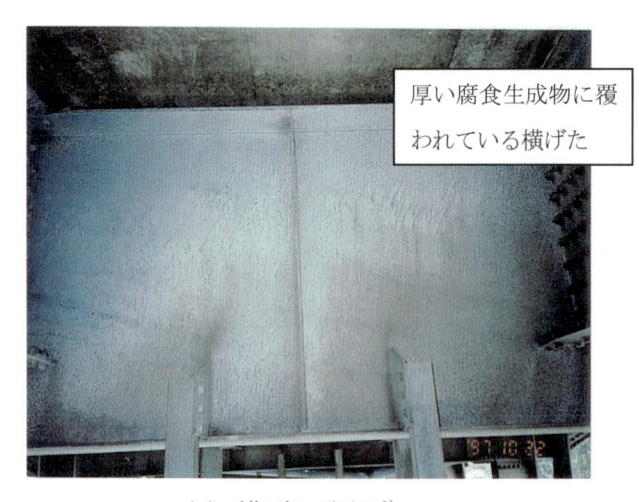

厚い腐食生成物に覆われている横げた

非排水構造の破損による水漏れ

(a) 横げた腹板 [9]    (b) けた端部 [8]

写真－Ⅳ.3.12 劣化度Ⅲの例

腐食生成物等の劣化は認められない

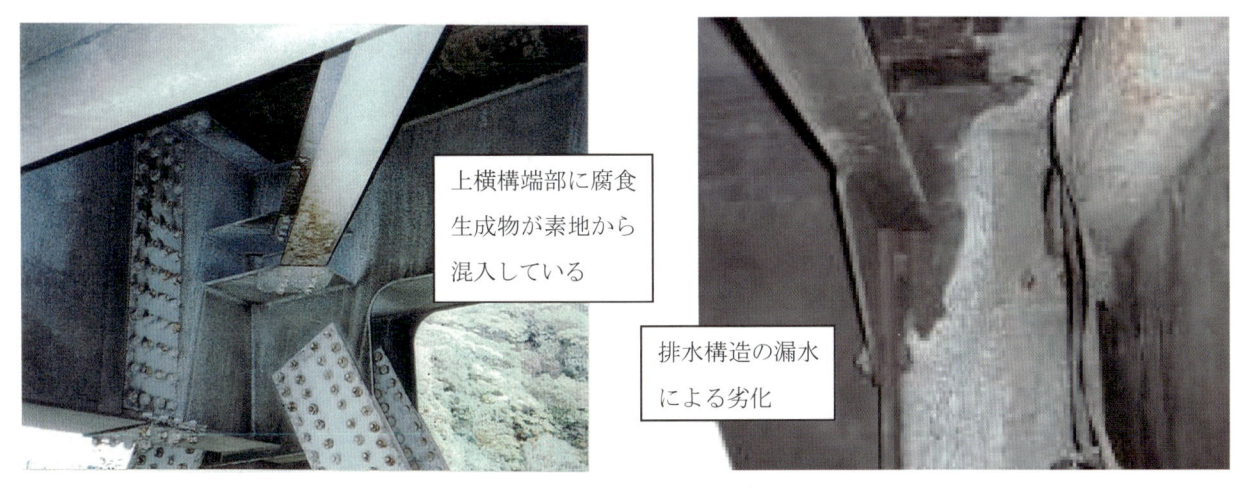

(a) 上横構端部 [9]　　　　　　　　　　　　　(b) けた端部 [8]

写真-Ⅳ.3.13　劣化度Ⅳの例

(a) 検査路手摺り [9]　　　　　　　　　　　　(b) 排水金物

写真-Ⅳ.3.14　劣化度Ⅴの例

【参考文献】

1) 亜鉛めっき鋼構造物研究会 NO.19：めっき素材の厚さと亜鉛付着量，1986.4
2) 社団法人　日本溶融亜鉛鍍金協会：北陸自動車道徳合川橋，境橋及び脇谷川橋検査路の溶融亜鉛－アルミニウム合金めっき暴露試験　5ヵ年経過報告書，2005.5より編集
3) 社団法人　日本溶融亜鉛鍍金協会：溶融亜鉛-5%アルミニウム合金めっきの規格，2003.3
4) 松山晋作：遅れ破壊，日刊工業新聞社，1989.
5) 社団法人　日本橋梁建設協会：F10T溶融亜鉛めっき高力ボルトの確性試験，2002.3
6) 社団法人　日本橋梁建設協会：スィープブラスト処理見本写真，2000.3
7) 溶融亜鉛めっき高力ボルト技術協会：溶融亜鉛めっき高力ボルト接合・設計施工指針，2010.
8) 西日本高速道路株式会社　大阪技術事務所，日本溶融亜鉛鍍金協会：溶融亜鉛めっきを施した既設構造物の補修技術検討，2006.3
9) 日本道路公団　金沢技術事務所，日本溶融亜鉛鍍金協会：平成9年度　北陸自動車道溶融亜鉛めっき橋梁追跡調査（その6）報告書，1998.3

第Ⅴ編　金属溶射編

第Ⅴ編　金属溶射編

目　次

第1章　防食設計及び構造設計上の留意点 ……………………… Ⅴ-1

1.1　各溶射金属の採用事例の傾向と特徴 ……………………… Ⅴ-1
1.2　封孔処理剤の種類と選定 ……………………… Ⅴ-2
　1.2.1　封孔処理剤の効果 ……………………… Ⅴ-2
　1.2.2　封孔処理剤の種類 ……………………… Ⅴ-2
1.3　金属溶射の外観 ……………………… Ⅴ-3
　1.3.1　封孔処理仕上げ ……………………… Ⅴ-3
　1.3.2　塗装仕上げ ……………………… Ⅴ-3
1.4　構造設計上の留意点 ……………………… Ⅴ-4
　1.4.1　溶射困難箇所 ……………………… Ⅴ-4
　1.4.2　部材自由縁の角部の処理 ……………………… Ⅴ-6
　1.4.3　補剛材の切り欠き例 ……………………… Ⅴ-6

第2章　防食施工の留意点 ……………………… Ⅴ-7

2.1　摩擦接合面の処理 ……………………… Ⅴ-7
　2.1.1　継手性能試験 ……………………… Ⅴ-7
　2.1.2　摩擦接合面の封孔処理 ……………………… Ⅴ-7
2.2　金属溶射施工状況 ……………………… Ⅴ-8
　2.2.1　ブラスト法 ……………………… Ⅴ-8
　2.2.2　粗面形成材法 ……………………… Ⅴ-10
2.3　損傷部の補修方法 ……………………… Ⅴ-14
2.4　自動溶射装置 ……………………… Ⅴ-16

第3章　維持管理の留意点 ……………………… Ⅴ-17

3.1　点検時の留意点 ……………………… Ⅴ-17
　3.1.1　構造的要因による劣化事例 ……………………… Ⅴ-17
　3.1.2　輸送・架設時の傷に起因する劣化事例 ……………………… Ⅴ-17
　3.1.3　施工条件に起因する劣化事例 ……………………… Ⅴ-18

第1章　防食設計及び構造設計上の留意点

1.1 各溶射金属の採用事例の傾向と特徴

　金属溶射の採用にあたっては，環境条件，使用条件などの違いを適切に考慮して，溶射に用いる金属材料を選定する必要がある。現在，鋼道路橋で使用されている一般的な溶射金属と工法の特徴を**表－Ⅴ.1.1**に示す。

　アルミニウム溶射の場合，亜鉛系の金属と比較すると皮膜内に応力が残存し，皮膜がはく離しやすい性格を持っている。そのため素地調整の程度は亜鉛系よりも高度なものが要求される。また溶射皮膜の機能としては電気化学的防食作用より環境遮断効果を期待するので，溶射皮膜の厚さは亜鉛系より大きく設定することが多い。

表－Ⅴ.1.1　溶射金属と工法の特徴

溶射金属種別			特　徴
ブラスト法		亜鉛溶射	・塩分量の多い環境下では溶解速度が大きく皮膜の消耗が早くなる。 ・最小皮膜厚さは100μm以上とすることが一般的である。 ・無機ジンクリッチペイントが普及する以前に防食下地として用いられた実績がある。（関門橋等）
		アルミニウム溶射	・表面に形成される酸化物により塩分量の多い地域でも溶解速度は遅く比較的安定した耐久性が得られる。 ・素地調整の程度は ISO 8501-1 の Sa3 が要求される。 ・最小皮膜厚さは150μm以上とすることが一般的である。
	亜鉛・アルミニウム系	亜鉛・アルミニウム合金溶射	・亜鉛単独皮膜，アルミニウム単独皮膜の中間の挙動を示す。 ・素地調整の程度は ISO 8501-1 Sa2 1/2 ・最小皮膜厚さは100μm以上とすることが一般的である。
粗面形成材法		亜鉛・アルミニウム擬合金溶射	・溶射皮膜の特性は亜鉛・アルミニウム合金溶射と同等である。 ・ブラスト法では素地調整の清浄化工程と粗面化工程を同時にブラストで行うのに対し，本工法では清浄化工程をブラストまたは動力工具処理で行い，その後，溶射皮膜を密着させるための粗面化工程に粗面形成材を用いる。 ・軽微なさびの場合は，素地調整を動力工具で行なうことができるためブラスト施工が困難な環境の現場施工には有効である。

1.2 封孔処理剤の種類と選定

1.2.1 封孔処理剤の効果

金属溶射の皮膜は多孔性であり微細な気孔がある。通常の大気環境下では，溶射金属と大気中の酸素や水蒸気との反応生成物が次第に気孔を充填していくが，この反応が十分に進行する前に水や塩分が付着すると，皮膜内に侵入し，母材（鋼材）が腐食して皮膜の膨れ，はく離が発生する恐れがある。

封孔処理は，無機系あるいは有機系などの封孔処理剤を開口している溶射皮膜の気孔に含浸させてこれを密封するものである。

1.2.2 封孔処理剤の種類

封孔処理剤は，シリコン樹脂系（無機質系），エポキシ樹脂系（有機質系），アクリルシリコン樹脂系（無機・有機複合系），リン酸ブチラール樹脂系（無機質系）などの種類がある。

封孔処理剤と溶射金属の適合性については，未だ確立されていないのが現状であるが，各工法で選定した封孔処理剤に対して促進試験や暴露試験が実施されている。実際の施工ではその組み合わせのものを選定する。表－V.1.2に封孔処理剤と採用例を示す。

表－V.1.2　封孔処理剤の種類

封孔処理剤	採用例	
	粗面化処理	溶射金属
シリコン樹脂系封孔処理剤	ブラスト法	亜鉛 アルミニウム 亜鉛・アルミニウム合金
エポキシ樹脂系封孔処理剤	ブラスト法・粗面形成材法	亜鉛 アルミニウム 亜鉛・アルミニウム合金 亜鉛・アルミニウム擬合金
アクリルシリコン樹脂系封孔処理剤	ブラスト法	亜鉛 アルミニウム 亜鉛・アルミニウム合金
リン酸ブチラール樹脂系封孔処理剤	粗面形成材法	亜鉛・アルミニウム擬合金

1.3 金属溶射の外観

1.3.1 封孔処理仕上げ

封孔処理仕上げの場合は，溶射面の表面粗さの影響により色むらが生じ一般には塗装のような外観が得られない。封孔処理仕上げの標準的な仕上がり外観を**写真－V.1.1**に示す。この事例ではクリアー（無着色）の封孔処理剤を使用しているので，溶射金属（亜鉛・アルミニウム合金）特有の色を呈している。

写真－V.1.1 封孔処理（クリアー）仕上げの外観

1.3.2 塗装仕上げ

景観への配慮が必要な場合および塩害を受ける厳しい環境では封孔処理の上に塗装を行うことが望ましい。**写真－V.1.2**に塗装仕上げの外観を示す。

写真－V.1.2 塗装仕上げの外観

1.4 構造設計上の留意点

1.4.1 溶射困難箇所
(1) 金属溶射の作業条件

金属溶射においては，良好な溶射皮膜を得るために必要な作業空間は1 m³程度であり（便覧第Ⅴ編 3.1），**図－Ⅴ.1.1**に示すように溶射ガンと被溶射面の距離は300 mm程度，角度45～90度（便覧第Ⅴ編 3.4.1，図－Ⅴ.3.6）を維持する必要がある。溶射ガンの距離が遠すぎたり，溶射角度が浅くなったりすると溶着効率が低下し適正な溶射皮膜が得られなくなる。

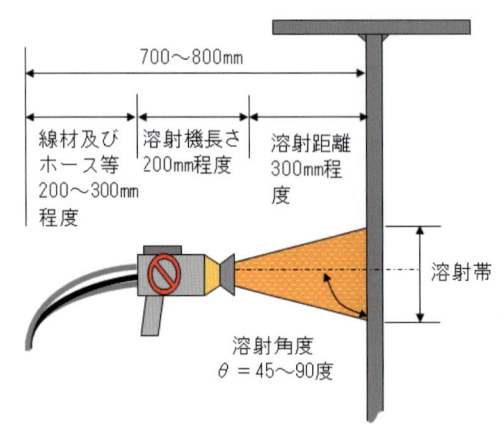

図－Ⅴ.1.1 溶射の作業条件

(2) 溶射困難箇所の具体例

溶射金属粒子は，直線的に飛行するため飛行線の反対側や溶射角が浅くなる面には付着しない。そのため，ガセットプレートや補剛材などの突起物の裏側や影になる部位が溶射困難箇所となる。

図－Ⅴ.1.2は鋼床版箱げたの縦リブの裏側への施工において腹板が障害となり45度以上の溶射角度が維持できない様子を示している。**図－Ⅴ.1.3**は同様にガセットプレートが邪魔になり溶射機が入らないため下フランジが溶射困難箇所となる例である。また**写真－Ⅴ.1.3**は，溶接困難箇所での施工状況を示したものである。

このような溶射困難箇所は一見施工できたように見えても，実態は適正な溶射皮膜が形成されず，早期に劣化する場合がある。したがって，無理に溶射施工を行うのではなく，溶射困難部の塗装仕様（便覧第Ⅴ編 2.2.3(3)，表－Ⅴ.2.6）で適切に防食するのが望ましい。

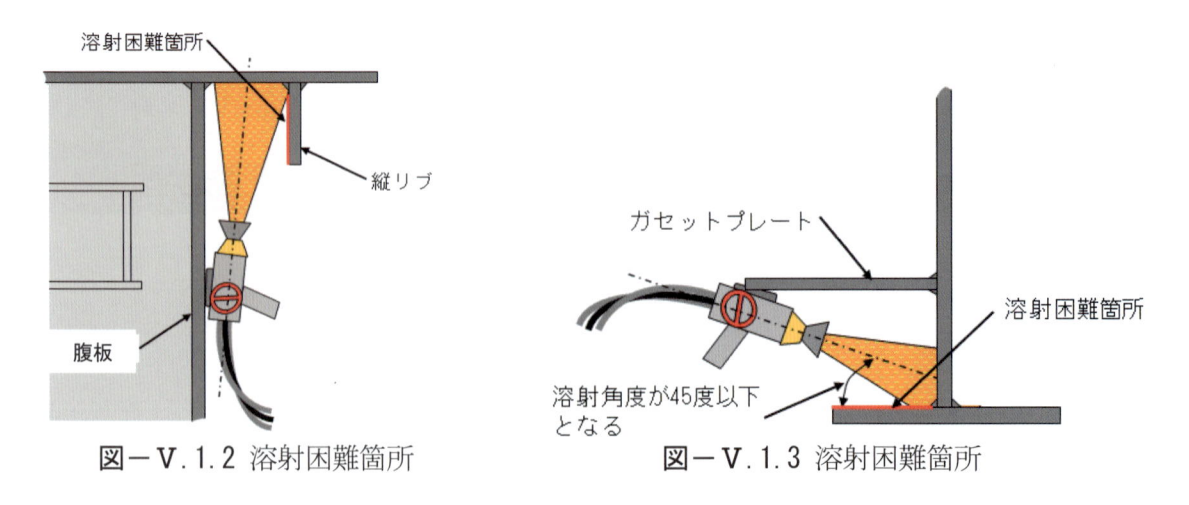

図－Ⅴ.1.2 溶射困難箇所　　**図－Ⅴ.1.3 溶射困難箇所**

写真-V.1.3 溶射困難箇所の施工状況

(3) 溶射施工困難箇所の塗装

溶射困難箇所には,便覧第V編2.2.3(3)の溶射施工困難箇所の防食仕様を適用する。**写真-V.1.4**のように主げたに近接したリブなど主げたの腹板が障害となり施工できない箇所や,スカラップ内側なども金属溶射の施工はできないので,この仕様を適用する。

溶射困難箇所の塗装は,ブラスト施工後,粗面形成材施工後,溶射施工後,封孔処理施工後のいずれかに1層ずつ施工される場合が多い。

写真-V.1.4 溶射困難部防食仕様による塗装

(4) 既設橋梁への適用

既設橋梁への金属溶射の適用は,工場施工以上に作業空間の制約を受ける。金属溶射の採用にあたっては,作業空間の確保が可能か慎重な事前検討が必要である。

写真-V.1.5,**写真-V.1.6**は,橋脚付き拡幅ブラケットにより十分な作業空間が確保できなかったために,ガセットプレート,主げた下フランジ面の施工が十分でなかった事例を示す。

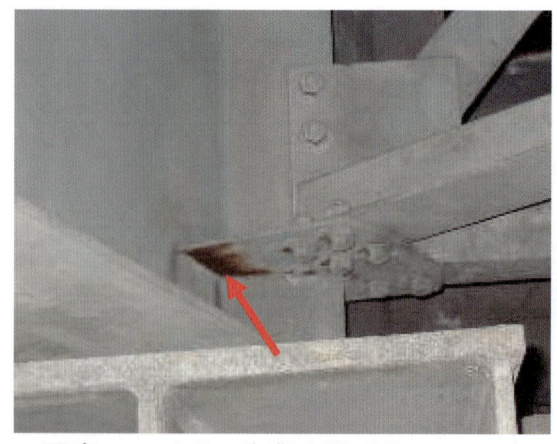

写真－V.1.5 作業空間不足によるガセットプレートの劣化

写真－V.1.6 作業空間不足による下フランジ面の劣化

(5) 既設支承への適用

　塗装および溶融亜鉛めっきで防せい(錆)処理された既設支承の補修では十分な作業空間が確保できない場合が多い。さらに，作業空間が確保できても支承の形状によっては溶射困難箇所が多くなり不十分な施工となりやすいことから，一般的には，既設支承の補修に対して，金属溶射を採用するべきではない。もし金属溶射を採用する場合は，前述のことを十分に理解した上で，金属溶射施工後の維持管理計画も踏まえ，防食設計を行うことが必要である。また，支承の補修を行うに際しては，ブラストや溶射施工時に研削材や粉塵が可動部（ピン・ピボットなど）に残存し，機能不全を起こさないよう養生や十分な清掃などの対策を講じなければならない。

1.4.2 部材自由縁の角部の処理

　塗装により防食を行う場合の鋼げたの連結板は摩擦面側の面取りを通常行わないが，金属溶射による場合は連結板の角部での皮膜はく離を防止するため，鋼げたと接触する側の角部も含め，**写真－V.1.7**に示すように連結板の両面で面取りを行う。

1.4.3 補剛材の切り欠き例

　作業性向上を目的とした補剛材の切り欠きの事例（便覧第V編3.3.2，図－V.3.4）を**写真－V.1.8**に示す。

写真－V.1.7 連結板の両面での面取り

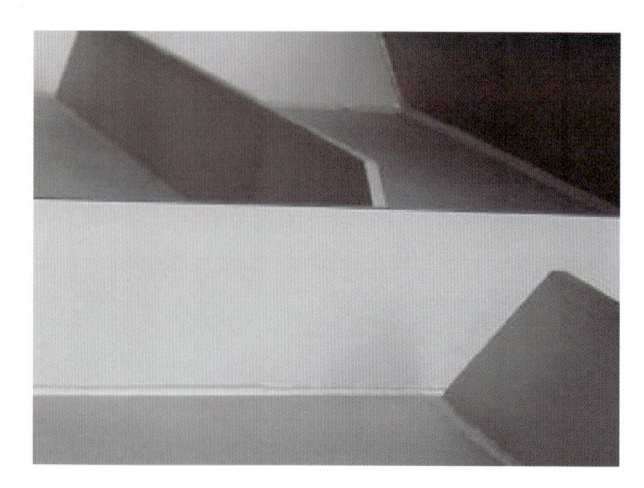

写真－V.1.8 補剛材の切り欠き

第2章　防食施工の留意点

2.1　摩擦接合面の処理

　ボルト連結部の摩擦接合面の仕様は煩雑な塗り分けによる品質の低下を防ぐために一般外面部と同じ金属溶射とし，溶融亜鉛めっき高力ボルト（F8T）を使用することを標準とする。

2.1.1　継手性能試験

　金属溶射を摩擦接合面に適用した場合の継手性能には，溶射金属，施工方法（ガスフレーム式またはアーク式），溶射皮膜厚などが影響する。亜鉛・アルミニウム合金溶射，亜鉛・アルミニウム擬合金溶射，アルミニウム溶射で，継手性能試験が実施され，すべり係数$\mu=0.4$以上が得られることが確認されている[1]。これらの試験と同じ条件で施工をおこなう場合には，試験結果と同等の継手性能（すべり係数）が得られると考えられる。

2.1.2　摩擦接合面の封孔処理

　金属溶射施工後の保管期間の品質確保のために，ボルト連結部の摩擦接合面にも封孔処理を施工することが防せい（錆）上望ましい。しかし，摩擦接合面に封孔処理を施工すると継手性能に影響を与える種々の条件によりすべり係数$\mu=0.4$以上が確保できない場合がある。接合面を封孔処理する場合は過去に行われた継手性能試験などを参考にして，必要であれば個別に継手性能試験を実施することも含めて事前検討するとよい。

　なお，亜鉛・アルミニウム擬合金溶射ではリン酸ブチラール系封孔処理剤を使用した場合，すべり係数$\mu=0.4$以上が確保できることが確認されているため，摩擦接合面に封孔処理を施工することが多い。

　ボルト連結部の摩擦接合面に封孔処理を行わず一般部と塗り分けた状態を**写真－Ⅴ.2.1**に，一般部と同様に封孔処理を施工した場合を**写真－Ⅴ.2.2**に示す。

写真－Ⅴ.2.1 摩擦接合面に封孔処理を施工しない場合（亜鉛・アルミニウム合金溶射）

写真－Ⅴ.2.2 摩擦接合面に封孔処理を施工した場合（亜鉛・アルミニウム擬合金溶射）

2.2 金属溶射施工状況

2.2.1 ブラスト法

　ブラスト法とは，素地調整の粗面化工程（溶射皮膜が鋼材に密着するために必要な表面粗さを得る工程）をブラストで行う方法である。ブラスト法の特徴は，素地調整の清浄化工程と粗面化工程をブラストにより同時に行うことである。ブラスト法の施工手順を以下に示す。**写真－Ⅴ.2.3～写真－Ⅴ.2.8**はガスフレーム式溶射ガンを用いた亜鉛・アルミニウム合金溶射の施工例である。

　本方法の施工の確認は素地調整標準見本帳により行う。また，表面粗さはRz50μm，Ra8μm以上とするが，実際の施工で計測器を用いて表面粗さを測定することは煩雑となるため見本板 ISO 8503-1 との比較により管理する。

```
┌─────────────────────┐
│ 無機ジンクリッチプライマー │
│ 鋼板で製作              │
└─────────────────────┘
           │
           ▼
┌─────────────────────┐
│ 素地調整              │
│ （清浄化工程）         │
│ （粗面化工程）         │
├─────────────────────┤
│ 製品ブラスト           │
└─────────────────────┘
```
素地調整は製品ブラストにより，清浄化工程と粗面化工程を同時に行う。

写真－Ⅴ.2.3　素地調整前

写真－Ⅴ.2.4　素地調整後

```
┌─────────────────────┐
│ 除せい(錆)度の確認      │
├─────────────────────┤
│ 見本帳との比較         │
└─────────────────────┘
           │
           ▼
```
除せい(錆)度は ISO 8501-1 の Sa2 1/2 以上とし，その確認は素地調整標準見本帳との対比によりおこなう（便覧第Ⅴ編 5.2.2(2)，表－Ⅴ.5.1）。

写真－Ⅴ.2.5　見本帳との比較

```
  ↓
┌─────────────────┐
│  表面粗さの確認  │
│  見本板との比較  │
└─────────────────┘
```

表面粗さは Rz50μm, Ra8μm 以上とし, 確認は ISO 8503 見本板との対比によりおこなう。

写真－Ⅴ.2.6 表面粗さの確認 見本板との比較

```
┌──────────────────────┐
│      溶射施工         │
│ ガスフレーム式溶射ガンに│
│ よる金属溶射の施工     │
└──────────────────────┘
```

素地調整後 4 時間以内に, 金属溶射を行う。

写真－Ⅴ.2.7 金属溶射の施工状況

```
┌─────────┐
│ 封孔処理 │
└─────────┘
```

金属溶射施工後 1 日以内に封孔処理をおこなう。

写真－Ⅴ.2.8 封孔処理施工状況

2.2.2 粗面形成材法

　粗面形成材法とは，溶射皮膜を素地と密着させるために鋼材表面に無機質粒子とエポキシ系樹脂により構成された粗面形成材を塗付して粗面化を行う方法であり，亜鉛・アルミニウム擬合金溶射の施工に用いられる。

　亜鉛・アルミニウム擬合金溶射はアーク溶射の一種であるが，溶射時の母材（鋼材）への熱影響を低く抑えるように特別に工夫された工法である。このため，エポキシ系樹脂をベースとした粗面形成材の上に，溶射皮膜を形成することが可能である。

(1) 素地調整

　粗面形成材法の素地調整はエポキシ樹脂をベースとした粗面形成材を鋼材に密着させることを目的としている。したがって無機ジンクリッチプライマー鋼板を使用した場合の処理方法はブラスト処理，動力工具処理のいずれも適用可能である。また活膜のプライマーを残して粗面形成材を施工することができる。素地調整の判定は ISO 8501-1 が一般的に適用されるが，ISO 規格はさびた鋼材の表面清浄度の評価であり対比が難しくなる。そのためショッププライマー鋼板の加工後の表面処理規準を定めた SPSS（日本造船研究協会編「塗装前鋼材表面処理規準」1998 年版）を適用している。

　SPSS では，ショッププライマー鋼板の加工部（手溶接部，自動溶接部，歪取り部）及び損傷部（白さび部，点さび部）に対するブラスト処理と動力工具処理が規格化されている。

　表-V.2.1 に SPSS を用いた粗面形成材法の素地調整の判定規準を示す。

表-V.2.1　粗面形成材法の素地調整の判定規準[2]

鋼材の種類		判定規準	処理方法
無機ジンクリッチプライマー鋼板	白さび部	SPSS IDSs　以上	スィープブラスト処理
		SPSS IDPt3　以上	動力工具処理
	点さび部	SPSS IDSs　以上	スィープブラスト処理
	手溶接部	SPSS IHSd3　以上	ブラスト処理
		SPSS IHPt3　以上	動力工具処理
	自動溶接部	SPSS IASd3　以上	ブラスト処理
		SPSS IAPt3　以上	動力工具処理
	歪取り部	SPSS IFSd3　以上	ブラスト処理
		SPSS IFPt3　以上	動力工具処理
ミルスケール鋼材 [注]		ISO 8501-1 Sa2 1/2 以上	ブラスト処理

注) ミルスケール鋼材は無機ジンクリッチプライマー鋼板の使用が原則であるが，形鋼など黒皮材で製作された場合に適用。

(2) 導電性の確保と表面粗さの管理

　粗面形成材は，素地と溶射皮膜の間の導電性を確保するために不連続な膜が必要である。そのため塗布後の外観は，下地が透けて見えるような状態となる。粗面形成材は，薄すぎると溶射皮膜の密着に必要な表面粗さが得られず，また厚すぎると導電性が得られなくなる恐れがあるため，適切な管理が必要である。

　導電性と表面粗さの管理は，粗面形成材の仕上がり状態と**写真－V.2.9**に示す粗面処理標準見本との対比によりおこなう。粗面形成材法では，密着に必要な表面粗さを Rz_{JIS}（10 点平均表面粗さ）とRsm（表面粗さの曲線要素の平均長さ）の比率である Rsm/Rz_{JIS} の値が平均値3.5以下，最大値4以下としている。粗面処理標準見本はあらかじめ表面粗さの管理値を満足し，導電性の確保が得られている範囲を目視で判断できるように作成された，標準状態見本，下限許容見本，上限許容見本の三種類から構成されている。この上下限の範囲内の状態で施工されていれば必要な表面粗さと素地との導電性が確保されていることになる。

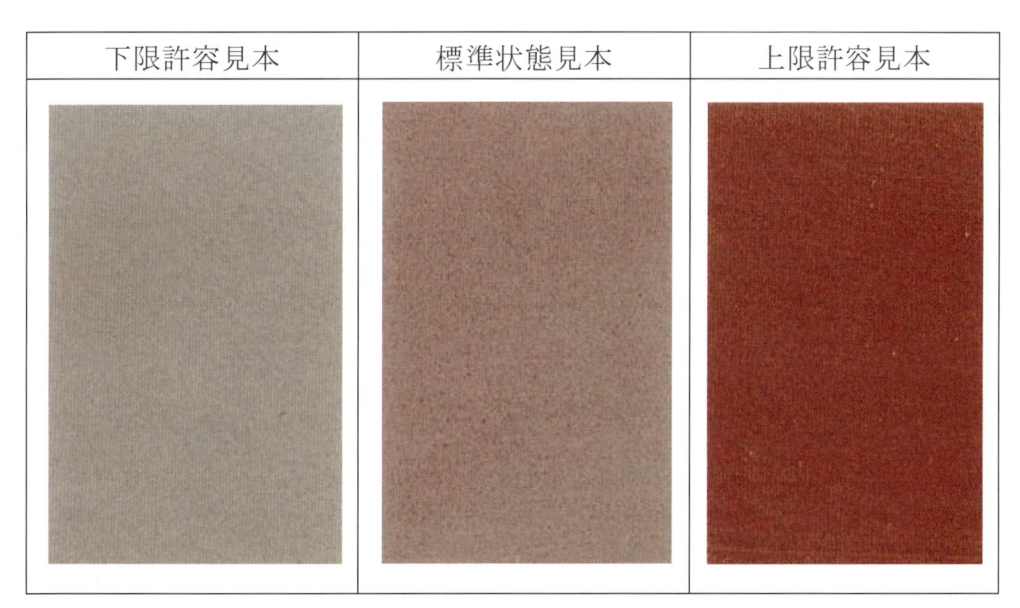

写真－V.2.9　粗面処理標準見本[3]

(3) 既設橋梁への適用

　既設橋梁の補修に粗面形成材法を適用する場合は，鋼材の腐食状況により適切な素地調整方法を選択する必要がある。局部的に腐食の激しい部位などはブラストにより清浄化工程を行う。

　また，粗面形成材法（亜鉛・アルミニウム擬合金溶射）で塩分を含んださび部を施工して，早期に劣化した事例がある。さらに塩分の影響を受けた鋼材に適用した暴露試験では，ブラスト法による金属溶射や塗装に比べ劣化が早いという傾向が見られる。これらの事例の清浄化工程は動力工具処理で行われたものだが，孔食内の塩分はブラスト処理でも完全に除去できないことから，塩分の影響が懸念される既設橋梁に，粗面形成材法を適用することには注意が必要である。

```
[無機ジンクリッチプライマー
 鋼板で製作]
        │
        ▼
[素地調整
 （清浄化工程）
 製品ブラスト（スィープブラ
 スト）または，動力工具処理]
```

ブラストまたは動力工具処理により清浄化工程を行う。

```
        │
        ▼
[素地調整程度の確認
 見本帳との比較]
```

SPSS 日本造船研究協会「塗装前鋼材表面処理基準」見本帳との対比により素地調整程度の確認を行う。

写真－V.2.12 は自動溶接部 SPSS IASd3。

写真－V.2.13 は白さび，点さび部（プライマーの活膜部）SPSS IDSs の確認状況である。

写真－V.2.10　素地調整前

写真－V.2.11　素地調整後

写真－V.2.12　溶接部の素地調整程度の確認

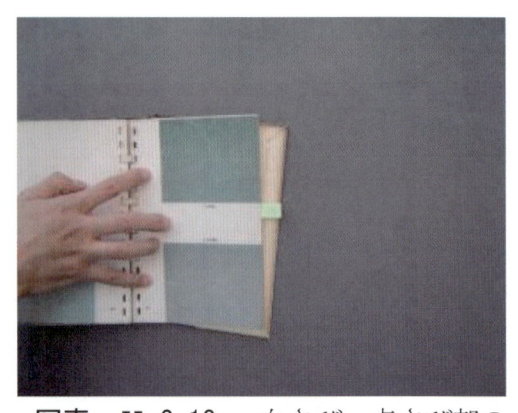

写真－V.2.13　白さび，点さび部の素地調整程度の確認

```
┌─────────────────┐
│   素地調整      │
│ (粗面化工程)    │
└────────┬────────┘
         │         素地調整後4時間以内に粗
         │         面形成材を塗付する。
         │         粗面形成材の施工はエアー
         │         スプレーが用いられる。
         ▼
┌─────────────────┐
│  導電性の確保   │
│  表面粗さの確認 │
│粗面処理標準見本との対比│
└────────┬────────┘
         │         粗面処理標準見本(写真
         │         -V.2.9)との比較によ
         │         り管理する。
         ▼
┌─────────────────┐
│   溶射施工      │
│アーク式溶射ガンによる亜│
│鉛・アルミニウム擬合金溶│
│射の施工         │
└────────┬────────┘
         │         アーク式溶射ガンにより常
         │         温金属溶射(亜鉛・アルミニ
         │         ウム擬合金溶射)を行う。
         │         粗面化工程後1日以上3日以
         │         内とする。
         ▼
┌─────────────────┐
│   封孔処理      │
└─────────────────┘
                   金属溶射施工後 1 日以内
                   に封孔処理をおこなう。
```

写真-V.2.14　粗面形成材施工状況

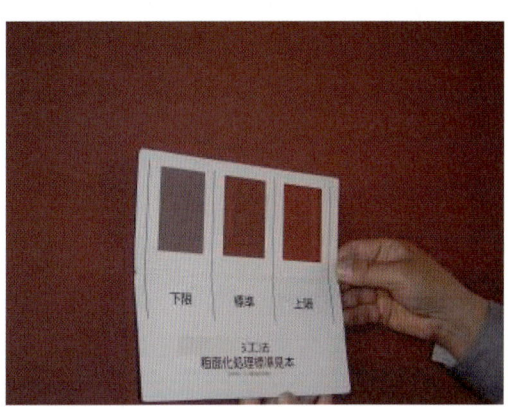

写真-V.2.15　限度見本帳との対比

写真-V.2.16　金属溶射の施工状況

写真-V.2.17　封孔処理施工状況

2.3 損傷部の補修方法

　金属溶射を施工した製品は，溶射皮膜に損傷が発生することのないよう，輸送・架設中は十分に注意して取り扱わなければならない。**写真－Ｖ.2.18**は，輸送・架設中に金属溶射面についた擦り傷である。

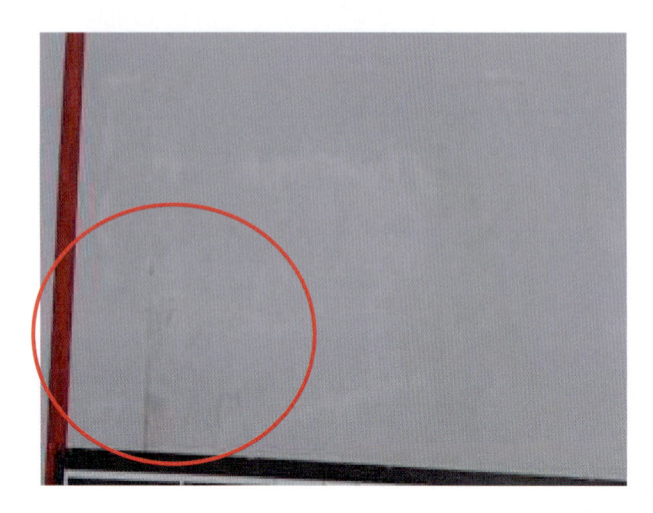

写真－Ｖ.2.18　輸送・架設中についた擦り傷

　溶射皮膜の損傷には，表層の軽微なものから鋼材素地に達するものまであり，以下の5種類の損傷程度に応じて補修を実施する。**表－Ｖ.2.2**に5段階の損傷の程度と処置方法を示す。損傷Ｉ，損傷Ⅱは塗装仕上げの場合の中塗，上塗塗膜が損傷した場合であり，便覧第Ⅱ編4.6.4 架設後の補修塗装を参照し補修を行う。損傷Ⅲ，損傷Ⅳは溶射皮膜の傷または，傷が鋼素地に達するが小範囲で点状，線状である場合であり，有機ジンクリッチペイントにより補修を行う（便覧第Ｖ編5.4.1）。損傷Ｖは損傷部が広範囲にわたりしかも鋼面が露出している場合であり，補修は素地調整から溶射までの全工程を行う。また封孔処理仕上げの場合で，損傷程度が損傷ⅢまたはⅣのケースでは，有機ジンクリッチペイントの上に外観性向上のため封孔処理剤を塗装する。

表－Ｖ.2.2　金属溶射の損傷程度と処置方法

	損傷の程度	処置方法
損傷Ｉ	上塗塗膜の損傷（塗装仕上げを行った場合）	便覧第Ⅱ編4.6.4に準じて補修を行う
損傷Ⅱ	中塗塗膜迄の損傷（塗装仕上げを行った場合）	便覧第Ⅱ編4.6.4に準じて補修を行う
損傷Ⅲ	金属溶射皮膜までの損傷	有機ジンクリッチペイントにより補修を行う（便覧第Ｖ編5.4.1）
損傷Ⅳ	損傷部が小範囲で，鋼素地に達する傷が点状または線状の場合	有機ジンクリッチペイントにより補修を行う（便覧第Ｖ編5.4.1）
損傷Ｖ	損傷部が広範囲にわたり，しかも鋼面が露出している場合	素地調整から溶射まで全工程について再施工する

損傷程度毎の補修方法について，ブラスト法は**表－Ⅴ.2.3**に，粗面形成材法は**表－Ⅴ.2.4**に示す。また，損傷Ⅴの部位が溶射困難部である場合は，溶射困難部の防食仕様（便覧第Ⅴ編 2.2.3(3)，表－Ⅴ.2.6）で補修する。

表－Ⅴ.2.3 ブラスト法の補修方法

	損傷Ⅰ	損傷Ⅱ	損傷Ⅲ	損傷Ⅳ	損傷Ⅴ
傷の深さ	上塗	中塗	金属溶射	鋼素地	鋼素地
素地調整	サンドペーパー処理				ブラスト処理
金属溶射	なし				金属溶射
封孔処理	なし				封孔処理
下塗	なし		有機ジンクリッチペイント（＋封孔処理剤）注1)		―
中塗	なし	中塗			
上塗	上塗				

注1) 封孔処理仕上げの場合

表－Ⅴ.2.4 粗面形成材法の補修方法

	損傷Ⅰ	損傷Ⅱ	損傷Ⅲ	損傷Ⅳ	損傷Ⅴ
傷の深さ	上塗	中塗	金属溶射	鋼素地または粗面形成材	鋼素地または粗面形成材
素地調整	サンドペーパー処理				動力工具処理
粗面形成材	なし				粗面形成材
金属溶射	なし				擬合金溶射
封孔処理	なし				封孔処理
下塗	なし		有機ジンクリッチペイント（＋封孔処理剤）注1)		―
中塗	なし	中塗			
上塗	上塗				

注1) 封孔処理仕上げの場合

2.4 自動溶射装置

　溶射作業の効率化，省力化，および安定した品質の確保を目的として，**写真－V.2.19**に示す自動溶射装置が実用化されている。写真に示す自動溶射装置は溶射機を1～2台搭載してモーター駆動によりスピード，移動距離などを制御し，上下（左右）方向に移動しながらレール上を走行し作業を行うものである。自動溶射装置で施工を行った面は，手作業に比べて均等な皮膜厚さが得られる。

　ただし現時点では，腹板やフランジ等の平らな面にしか適用できず仕口，補剛材，フランジ突出部等は手作業で行う必要がある。鋼床版のように施工面に起伏が多い形式では自動溶射装置で作業できる割合が少ない。また，工場内施工に限定され，装置の設置場所は手作業に比べ約2倍の作業スペースが必要となる。

写真－V.2.19　自動溶射装置

第3章　維持管理の留意点

3.1　点検時の留意点

　鋼道路橋の防食方法としての金属溶射は歴史が浅く，経時劣化の状況や，補修施工のデータの蓄積が十分でない。ここでは点検時に注意すべき部位について取り上げる。

　金属溶射の点検時の注意点は他の防食法と同様に，構造的要因や架設時の傷などを起因として生じる部分的な劣化である。さらに金属溶射特有の注意点として，必要な作業空間が十分に確保できずに施工され，適切な溶射被膜が形成されなかった部位の劣化が考えられる。

　維持管理にあたっては，これらを十分に理解し劣化しやすい部位に注意して点検を行う必要がある。

3.1.1　構造的要因による劣化事例

　伸縮装置や床版からの漏水による腐食，支点上補剛材部の滞水による腐食など，塗装橋梁や耐候性橋梁と同様の箇所が注意点となる。**写真－Ⅴ.3.1**は床版からの漏水による腐食事例である。

　本事例では，床版からの漏水を止めた後，塗装による補修を検討中であり，それまでの間に，漏水した水を受け流す樋を設置する予定である。

写真－Ⅴ.3.1　床版からの漏水による腐食事例

3.1.2　輸送・架設時の傷に起因する劣化事例

　輸送・架設時の擦り傷や，足場等が取り付けられた箇所の補修が不十分であった場合の損傷が，下フランジのエッジ部などに見られる。金属溶射皮膜は，部分的に劣化した場合，その部分の鋼材を防食するために周辺の溶射皮膜が溶出消耗し，次第に劣化面積が拡大する。このため早期の発見が重要である。

　写真－Ⅴ.3.2は下フランジ部の傷による損傷と，周辺の溶射皮膜が溶出消耗した事例である。溶射皮膜の消耗は激しいが部分的な劣化であるため，便覧第Ⅴ編6.5.1，表－Ⅴ.6.4金属溶射皮膜の劣化レベルと補修方法における"劣化レベルⅠ"相当と考えられ，同表に基づき補修を行う。

写真－V.3.2　架設時の損傷に起因する腐食（下フランジエッジ部）

3.1.3　施工条件に起因する劣化事例

塗装に比べ作業スペースに大きな制約がある金属溶射では，特に現場施工等で足場や防護設備の関係により十分な作業条件が確保できずに施工されるケースも想定される。このような部位は他の部位より早期に劣化する可能性があるので注意を要する。

写真－V.3.3は現場溶接部に金属溶射した部位で劣化が見られた事例である。便覧第V編 6.5.1，表－V.6.4金属溶射皮膜の劣化レベルと補修方法の"劣化レベルⅠ"相当と考えられ，同表に基づき補修を行う。

写真－V.3.3　現場溶接部の劣化

【参考文献】
1) 前田博，橋本秀成，新免俊典，高木一生，奥野眞司："金属溶射摩擦接合面における継手部性能試験に関して"，(社)日本鋼構造協会，鋼構造年次論文報告集第17巻，2009.11
2) 日本造船研究協会：塗装前鋼材表面処理規準（SPSS），1998.
3) 鋼構造物常温溶射研究会：鋼橋の常温金属溶射設計・施工・補修マニュアル（改訂版），2006.4

執筆者　（50音順）

- 小笠原　照夫
- 加藤　敏行
- 小林　真寛
- 小高　埜二樹
- 田中　中樹
- 中野　野屋正
- 野屋　守誠
- 星守　梁進樹
- 伊藤　彦裕
- 陵城　樹成
- 金子　修修
- 酒井　平
- 髙木　太郎千
- 玉越　史隆康
- 藤井　盛久尊
- 森下　彰
- 森山　晃
- 渡辺　信

鋼道路橋塗装・防食便覧資料集

平成22年9月30日　初　版第1刷発行
令和7年1月20日　　　第7刷発行

編　集　　公益社団法人　日　本　道　路　協　会
発行所　　東京都千代田区霞が関3－3－1

印刷所　　有限会社　セ　キ　グ　チ
発売所　　丸　善　出　版　株　式　会　社
　　　　　東京都千代田区神田神保町2－17

本書の無断転載を禁じます。

ISBN 978-4-88950-263-3 C2051

日本道路協会出版図書案内

【電子版】 ※消費税10%を含む（日本道路協会発売）

図書名	定価(円)
道路橋示方書・同解説Ⅰ共通編（平成29年11月）	1,980
道路橋示方書・同解説Ⅱ鋼橋・鋼部材編（平成29年11月）	5,940
道路橋示方書・同解説Ⅲコンクリート橋・コンクリート部材編（平成29年11月）	3,960
道路橋示方書・同解説Ⅳ下部構造編（平成29年11月）	4,950
道路橋示方書・同解説Ⅴ耐震設計編（平成29年11月）	2,970
道路構造令の解説と運用（令和3年3月）	8,415
附属物（標識・照明）点検必携（平成29年7月）	1,980
舗装設計施工指針（平成18年2月）	4,950
舗装施工便覧（平成18年2月）	4,950
舗装設計便覧（平成18年2月）	4,950
舗装点検必携（平成29年4月）	2,475
道路土工要綱（平成21年6月）	6,930
道路橋示方書（平成24年3月）Ⅰ～Ⅴ（合冊版）	14,685
道路橋示方書・同解説（平成29年11月）（Ⅰ～Ⅴ）5冊+道路橋示方書講習会資料集のセット	23,870

購入時，最新バージョンをご提供。その後は自動でバージョンアップされます。

上記電子版図書のご購入はこちらから
https://e-book.road.or.jp/

最新の更新内容をご案内いたしますのでトップページ最下段からメルマガ登録をお願いいたします。

日本道路協会出版図書案内

【紙版】　　　　　　　　　　　　　　　　※消費税10%を含む　(丸善出版発売)

図　書　名	ページ	定価(円)	発行年
交通工学			
クロソイドポケットブック（改訂版）	369	3,300	S49. 8
自転車道等の設計基準解説	73	1,320	S49.10
立体横断施設技術基準・同解説	98	2,090	S54. 1
道路照明施設設置基準・同解説（改訂版）	240	5,500	H19.10
附属物（標識・照明）点検必携 ～標識・照明施設の点検に関する参考資料～	212	2,200	H29. 7
視線誘導標設置基準・同解説	74	2,310	S59.10
道路緑化技術基準・同解説	82	6,600	H28. 3
道路の交通容量	169	2,970	S59. 9
道路反射鏡設置指針	74	1,650	S55.12
視覚障害者誘導用ブロック設置指針・同解説	48	1,100	S60. 9
駐車場設計・施工指針同解説	289	8,470	H 4.11
道路構造令の解説と運用（改訂版）	742	9,350	R 3. 3
防護柵の設置基準・同解説（改訂版） ボラードの設置便覧	246	3,850	R 3. 3
車両用防護柵標準仕様・同解説（改訂版）	164	2,200	H16. 3
路上自転車・自動二輪車等駐車場設置指針 同解説	74	1,320	H19. 1
自転車利用環境整備のためのキーポイント	140	3,080	H25. 6
道路政策の変遷	668	2,200	H30. 3
地域ニーズに応じた道路構造基準等の取組事例集（増補改訂版）	214	3,300	H29. 3
道路標識設置基準・同解説（令和2年6月版）	413	7,150	R 2. 6
道路標識構造便覧（令和2年6月版）	389	7,150	R 2. 6
橋　梁			
道路橋示方書・同解説（Ⅰ共通編）（平成29年版）	196	2,200	H29.11
〃（Ⅱ鋼橋・鋼部材編）（平成29年版）	700	6,600	H29.11
〃（Ⅲコンクリート橋・コンクリート部材編）（平成29年版）	404	4,400	H29.11
〃（Ⅳ下部構造編）（平成29年版）	572	5,500	H29.11
〃（Ⅴ耐震設計編）（平成29年版）	302	3,300	H29.11
平成29年道路橋示方書に基づく道路橋の設計計算例	564	2,200	H30. 6
道路橋支承便覧（平成30年版）	592	9,350	H31. 2
プレキャストブロック工法によるプレストレスト コンクリートTげた道路橋設計施工指針	81	2,090	H 4.10
小規模吊橋指針・同解説	161	4,620	S59. 4

日本道路協会出版図書案内

【紙版】　　　　　　　　　　　　　　　　　　　　※消費税10％を含む（丸善出版発売）

図　書　名	ページ	定価(円)	発行年
道路橋耐風設計便覧（平成19年改訂版）	300	7,700	H20. 1
鋼道路橋設計便覧	652	7,700	R 2.10
鋼道路橋疲労設計便覧	330	3,850	R 2. 9
鋼道路橋施工便覧	694	8,250	R 2. 9
コンクリート道路橋設計便覧	496	8,800	R 2. 9
コンクリート道路橋施工便覧	522	8,800	R 2. 9
杭基礎設計便覧（令和2年度改訂版）	489	7,700	R 2. 9
杭基礎施工便覧（令和2年度改訂版）	348	6,600	R 2. 9
道路橋の耐震設計に関する資料	472	2,200	H 9. 3
既設道路橋の耐震補強に関する参考資料	199	2,200	H 9. 9
鋼管矢板基礎設計施工便覧（令和4年度改訂版）	407	8,580	R 5. 2
道路橋の耐震設計に関する資料 （PCラーメン橋・RCアーチ橋・PC斜張橋等の耐震設計計算例）	440	3,300	H10. 1
既設道路橋基礎の補強に関する参考資料	248	3,300	H12. 2
鋼道路橋塗装・防食便覧資料集	132	3,080	H22. 9
道路橋床版防水便覧	240	5,500	H19. 3
道路橋補修・補強事例集（２０１２年版）	296	5,500	H24. 3
斜面上の深礎基礎設計施工便覧	336	6,050	R 3.10
鋼道路橋防食便覧	592	8,250	H26. 3
道路橋点検必携～橋梁点検に関する参考資料～	480	2,750	H27. 4
道路橋示方書・同解説Ⅴ耐震設計編に関する参考資料	305	4,950	H27. 4
道路橋ケーブル構造便覧	462	7,700	R 3.11
道路橋示方書講習会資料集	404	8,140	R 5. 3
舗　装			
アスファルト舗装工事共通仕様書解説（改訂版）	216	4,180	H 4.12
アスファルト混合所便覧（平成8年版）	162	2,860	H 8.10
舗装の構造に関する技術基準・同解説	104	3,300	H13. 9
舗装再生便覧（令和6年版）	342	6,270	R 6. 3
舗装性能評価法（平成25年版）―必須および主要な性能指標編―	130	3,080	H25. 4
舗装性能評価法別冊 ―必要に応じ定める性能指標の評価法編―	188	3,850	H20. 3
舗装設計施工指針（平成18年版）	345	5,500	H18. 2
舗装施工便覧（平成18年版）	374	5,500	H18. 2

日本道路協会出版図書案内

【紙版】　　　　　　　　　　　　　　　　　　　※消費税10%を含む（丸善出版発売）

図書名	ページ	定価(円)	発行年
舗装設計便覧	316	5,500	H18. 2
透水性舗装ガイドブック２００７	76	1,650	H19. 3
コンクリート舗装に関する技術資料	70	1,650	H21. 8
コンクリート舗装ガイドブック２０１６	348	6,600	H28. 3
舗装の維持修繕ガイドブック２０１３	250	5,500	H25.11
舗装の環境負荷低減に関する算定ガイドブック	150	3,300	H26. 1
舗装点検必携	228	2,750	H29. 4
舗装点検要領に基づく舗装マネジメント指針	166	4,400	H30. 9
舗装調査・試験法便覧（全4分冊）（平成31年版）	1,929	27,500	H31. 3
舗装の長期保証制度に関するガイドブック	100	3,300	R 3. 3
アスファルト舗装の詳細調査・修繕設計便覧	250	6,490	R 5. 3
道路土工			
道路土工構造物技術基準・同解説	100	4,400	H29. 3
道路土工構造物点検必携（令和5年度版）	243	3,300	R 6. 3
道路土工要綱（平成21年度版）	450	7,700	H21. 6
道路土工－切土工・斜面安定工指針（平成21年度版）	570	8,250	H21. 6
道路土工－カルバート工指針（平成21年度版）	350	6,050	H22. 3
道路土工－盛土工指針（平成22年度版）	328	5,500	H22. 4
道路土工－擁壁工指針（平成24年度版）	350	5,500	H24. 7
道路土工－軟弱地盤対策工指針（平成24年度版）	400	7,150	H24. 8
道路土工－仮設構造物工指針	378	6,380	H11. 3
落石対策便覧	414	6,600	H29.12
共同溝設計指針	196	3,520	S61. 3
道路防雪便覧	383	10,670	H 2. 5
落石対策便覧に関する参考資料―落石シミュレーション手法の調査研究資料―	448	6,380	H14. 4
道路土工の基礎知識と最新技術（令和5年度版）	208	4,400	R 6. 3
トンネル			
道路トンネル観察・計測指針(平成21年改訂版)	290	6,600	H21. 2
道路トンネル維持管理便覧【本体工編】（令和2年版）	520	7,700	R 2. 8
道路トンネル維持管理便覧【付属施設編】	338	7,700	H28.11
道路トンネル安全施工技術指針	457	7,260	H 8.10
道路トンネル技術基準（換気編）・同解説（平成20年改訂版）	280	6,600	H20.10

日本道路協会出版図書案内

【紙版】　　　　　　　　　　　　　　　※消費税10%を含む（丸善出版発売）

図　書　名	ページ	定価（円）	発行年
道路トンネル技術基準（構造編）・同解説	322	6,270	H15.11
シールドトンネル設計・施工指針	426	7,700	H21. 2
道路トンネル非常用施設設置基準・同解説	140	5,500	R 1. 9
道路震災対策			
道路震災対策便覧（震前対策編）平成18年度版	388	6,380	H18. 9
道路震災対策便覧（震災復旧編）（令和4年度改定版）	545	9,570	R 5. 3
道路震災対策便覧（震災危機管理編）（令和元年7月版）	326	5,500	R 1. 8
道路維持修繕			
道路の維持管理	104	2,750	H30. 3
英語版			
道路橋示方書（Ⅰ共通編）〔2012年版〕（英語版）	160	3,300	H27. 1
道路橋示方書（Ⅱ鋼橋編）〔2012年版〕（英語版）	436	7,700	H29. 1
道路橋示方書（Ⅲコンクリート橋編）〔2012年版〕（英語版）	340	6,600	H26.12
道路橋示方書（Ⅳ下部構造編）〔2012年版〕（英語版）	586	8,800	H29. 7
道路橋示方書（Ⅴ耐震設計編）〔2012年版〕（英語版）	378	7,700	H28.11
舗装の維持修繕ガイドブック2013（英語版）	306	7,150	H29. 4
アスファルト舗装要綱（英語版）	232	7,150	H31. 3

紙版図書の申し込みは，丸善出版株式会社書籍営業部に電話またはFAXにてお願いいたします。
〒101-0051　東京都千代田区神田神保町2-17　TEL（03）3512-3256　FAX（03）3512-3270

なお日本道路協会ホームページからもお申し込みいただけますのでご案内いたします。
・日本道路協会ホームページ　https://www.road.or.jp　出版図書 → 図書名 → 購入

また，上記のほか次の丸善雄松堂(株)においても承っております。

〒160-0002　東京都新宿区四谷坂町10-10
丸善雄松堂株式会社　学術情報ソリューション事業部
法人営業統括部　カスタマーグループ
TEL:03-6367-6094　FAX:03-6367-6192　Email:6gtokyo@maruzen.co.jp

※なお，最寄りの書店からもお取り寄せできます。